真相：皮肤科学护理

Real-World Skin Solutions

The Nature, Nurture, and Science of Modern Skin Care

现代皮肤护理：
天性、营养、科学

原著：Ahmed Al-Qahtani

主译：周展超

北京大学医学出版社

Peking University Medical Press

ZHENXIANG：PIFU KEXUE HULI

图书在版编目（CIP）数据

真相：皮肤科学护理 /（阿联酋）艾哈迈德·卡赫
塔尼（Ahmed Al-Qahtani）原著；周展超主译．—北京：
北京大学医学出版社，2016.6（2020.1 重印）
书名原文：Real-world skin solutions
ISBN 978-7-5659-1398-3

Ⅰ．①真…　Ⅱ．①艾…　②周…　Ⅲ．①皮肤—护理
Ⅳ．① TS974.1

中国版本图书馆 CTP 数据核字（2016）第 120183 号

北京市版权局著作权合同登记号：图字：01–2016–2559

Real-world skin solutions: the nature, nurture, and science of modern skin care
by Ahmed Al-Qahtani, PhD
ISBN 978-0-9860498-0-4
Copyright © 2014 Ahmed Al-Qahtani, PhD

Authorised translation from the English language edition published by AQ Skin
Solutions Inc.
Simplified Chinese translation copyright © 2016 by Peking University Medical Press.
All rights reserved.

真相：皮肤科学护理

主　　译：周展超
出版发行：北京大学医学出版社
地　　址：（100191）北京市海淀区学院路 38 号 北京大学医学部院内
电　　话：发行部 010–82802230；图书邮购 010–82802495
网　　址：http：//www.pumpress.com.cn
E–mail：booksale@bjmu.edu.cn
印　　刷：中煤（北京）印务有限公司
经　　销：新华书店
责任编辑：李　娜　　责任校对：金彤文　　责任印制：李　啸
开　　本：710 mm × 1000 mm　1/ 16　印张：11　字数：144 千字
版　　次：2016 年 6 月第 1 版　2020 年 1 月第 3 次印刷
书　　号：ISBN 978–7–5659–1398–3
定　　价：50.00 元

译校者名单

主　　译：周展超

审校专家（按姓名汉语拼音排序）：

林　彤（中国医学科学院皮肤病医院，医学博士/主任医师/
　　　　教授）

卢　忠（上海复旦大学华山医院皮肤科，医学博士/主任医师
　　　　/教授）

谭　军（湖南省人民医院整形科，医学博士/主任医师/教授）

周展超（南京展超丽格门诊，医学博士/主任医师/教授）

译　　者（按姓名汉语拼音排序）：

黄文谊（湖南省人民医院整形科，医学硕士/住院医师）

姜玥欣（上海复旦大学华山医院皮肤科，医学博士/住院医师）

李　光（江西省皮肤病医院，医学博士/副主任医师）

刘俊辉（湖南省人民医院整形科，医学硕士/住院医师）

马静雯（上海复旦大学华山医院皮肤科，博士研究生/住院医师）

彭　霖（中国医学科学院皮肤病医院，医学硕士/住院医师）

吴维子（湖南省人民医院整形科，医学硕士/住院医师）

肖　峰（湖南省人民医院整形科，医学硕士/住院医师）

张孟丽（中国医学科学院皮肤病医院，医学博士/主治医师）

周成霞（南京展超丽格门诊，医学硕士/主治医师）

译者前言

　　除了美容行业，也许再也没有哪个行业看上去如此繁荣但却混乱了，尤其是美容还被区分为"医疗美容"和"生活美容"。大多数老百姓其实无法区分"医疗美容"和"生活美容"，因为美容本身就让人混淆。也许有一天，"生活美容"改名为"化妆保健"，所有"美容院"更名为"化妆院"，这些混淆才能够自然澄清。然而面对目前这种状态，我们只能看着医疗美容和生活美容混淆下去。

　　无论是电影明星还是老百姓，无论是电视节目主持人还是草根，他们拥有各种所谓的"美容秘籍"，他们会自己制作面膜，他们会在网上学习美容方法……但是他们根本就不知道，在商业社会的今天，他们无法区分那些网络达人传递的"知识"的真伪，一些网络更是布满了商业公司的陷阱，等待每一位喜欢 DIY 的人去践行他们的"指导"。

　　作为一个美容皮肤科医生，我认为我们还是有责任告知社会一些正确的、基本的皮肤美容知识，而不是让那些生活美容会馆的美容师以及那些商业公司的市场部专员去指导老百姓的日常皮肤护理。基于此，几年前我着手撰写了一本科普书《专家谈美容：护出来的美丽》，并由人民卫生出版社出版。之后，我发现 Ahmed Al-Qahtani 博士也撰写了一本书——*Real world skin solutions:The Nature, Nurture, and Science of Modern Skin Care*。阅读之后，关于社会上的各种美容误区，我有一种英雄所见略同的感觉。

　　虽然 Ahmed Al-Qahtani 博士并不是皮肤科医生，但他一直从事抗老化、皮肤护理以及创伤愈合中生长因子的研究，开发了很多全球最具创新性的皮肤护理产品。他曾经在加利福尼亚大学（University of California）、澳大利亚皇家墨尔本科技研究所（Royal Melbourne

Institure of Technology in Australia）、爱尔兰皇家外科学院（Royal College of Surgeons in Ireland）以及旧金山大学（University of San Francisco）学习，目前是阿拉伯联合酋长国大学（United Arab Emirates Uiversity）医学与健康科学学院的助理教授。他在美国和中东国家以及世界其他地区看到的皮肤美容现状或者误区与我们国家如此相同，因为我们这个社会其实被一些国际商业公司所"控制"，他们的宣传广告影响甚至左右全球人的思维和观点。

我和 Ahmed Al-Qahtani 博士分别从皮肤科临床和科学研究的不同角度去思考这些问题，所得出的观点必然相似，因为科学就是科学，无论是我作为资深的皮肤科医生，还是 Ahmed Al-Qahtani 博士作为资深的研究人员，在科学的基础上得出的观点必然相同：他在书中的观点与我的那本书《专家谈美容：护出来的美丽》非常相似，只是我们从不同角度在告知我们的社会，真实的皮肤美容是个什么样子，它并非传说的那样。所以当我读到这本书，当我结识了 Ahmed Al-Qahtani 博士后，我决定将这本书翻译出来，让我们的社会了解，其实在西方社会也流传着各种看上去很不靠谱的美容传说，并且与我们的社会如此相似。外国的月亮其实并不比中国的圆！

如您希望了解更多的皮肤美容知识，欢迎关注我的新浪微博：@ 周展超教授和微信公共平台：DrZhou1997。

周展超

皮肤科学教授 / 医学博士

原著者简介

Al-Qahtani 博士是一位皮肤抗老化和皮肤护理的新星。他专注于生长因子和皮肤年轻化的研究。他是 AQ Skin Solutions 公司的董事长和创始人，该公司成立于 2008 年，以生长因子（Growth Factor, GF）技术———一种高级的提取技术和高纯度人生长因子应用于皮肤护理产品、毛发护理以及其他治疗领域而闻名。Al-Qahtani 博士发明了一种 GFIT（Growth Factor Induced Therapy）即生长因子介导的治疗方法，目前在全球广泛用于各种皮肤问题的治疗。

早在公司成立之初，Al-Qahtani 博士就开始了关于抗体反应和 B 淋巴细胞成熟机制的研究，后来开始研究生长因子对于损伤组织和烧伤组织的愈合作用。作为一名免疫学的研究者，他发明了一种利用特殊的细胞株来获得高质量生长因子的生产工艺，并得到了美国细胞培养机构（American Type Culture Collection，ATCC）的认证。Al-Qahtani 博士拥有生长因子技术的美国和国际专利。

Al-Qahtani 博士还是一位成功的演讲者，他曾在众多国际会议上阐述生长因子在皮肤护理中的作用，包括：

- 2013 年，迪拜世界皮肤病学与激光大会暨展览会
- 2013 年，科威特皮肤科进展和激光大会
- 2012 年和 2013 年，英国面部美容会议
- 美国抗衰老医学会（A4M）
- 国际皮肤抗衰老大师课程（IMCAS）

Al-Qahtani 毕业于加利福尼亚大学欧文分校的免疫学院（Institute for Immunology at the University of California, Irvine），并获得博士学位。他还拥有澳大利亚皇家墨尔本理工研究院医学微生物学和生物技术专业（Medical Microbiology and Biotechnology from the Royal Melbourne Institute of Technology in Australia）硕士学位。他本科就读于爱尔兰皇家外科医学院（Royal College of Surgeons in Ireland）和旧金山大学（University of San Francisco）。

Al-Qahtani 博士目前在阿莱茵担任阿拉伯联合酋长国大学医学与健康科学学院（College of Medicine and Health Science at United Arab Emirates University）的助理教授。

致 谢

　　我要对我的父母表达我最真挚的感谢和爱。没有他们，就不会成就今天的我，我将永远感恩他们为我所做的牺牲。感谢我的家人对我的支持和鼓励，他们让我有了今天的成就。

　　感谢在我整个学业过程中遇到的所有老师。我的成长进步离不开他们的教诲。

　　我还要感谢我的朋友们。即便我们彼此分离，他们也一直牵挂着我、祝福我。他们让我们彼此的友谊天长地久。

　　最后但重要的是，我要对我的祖国阿拉伯联合酋长国（United Arab Emirates，UAE），以及 H.H. Sheikh Zayed bin Sultan Al Nahyan 表达深深的感谢，正是他们在我年轻的时候鼓励我走出国门、求学海外。我为生我、养我的这片土地而感到自豪。我也非常荣幸地有机会可以将我在各地所学来的知识回馈他们！

目 录

1 **皮肤的科学解决方案 1**

　　天然、营养和现代的护肤科技 1

　　名词 3

　　启示 5

第1篇 科学与蛇油

2 **美丽和科学**

　　我们的祖先和化妆品科学 9

　　现代化妆品研究进展 12

　　实验室发现与实验室新结论 15

3 **基因研究和您的皮肤**

　　遗传与突变 20

　　遗传性皮肤病 21

　　老化和基因 22

　　内源性老化、外源性老化和光老化 22

　　炎症和免疫反应 24

　　氧化应激 25

　　产品和技术规定 26

4 **干细胞研究和您的皮肤**

　　胚胎干细胞、脐带干细胞和成体干细胞 28

干细胞和皮肤　29

化妆品企业所宣称的干细胞是什么　30

绿色营销并不总是诚实营销　30

5　生长因子和护肤品

真正的功效护肤品　34

生长因子的神话　35

基本技巧：甄别假冒因素的四种方法　36

高级课程：前 10 位生长因子　37

治疗性使用是短期使用　39

第 2 篇　产品与美容方法

6　顾客真的在意质量吗

如何知道自己身处何处　43

男性开始逐渐关注皮肤健康　45

我们如何反洗脑　46

7　潜在的毒害和完美的安全

护肤品到底有什么作用　51

护肤产品安全吗　52

需要避免的 8 种有毒成分　53

如何保护自己　57

身体的变化决定皮肤的变化　58

7 种厨房里的安全和有效的护肤帮手　59

真正的有价值的是厨房中的食物，而不是柜台里
的化妆品　61

8 医学护肤品和营养护肤品

化妆品和药品如何你追我赶　63

优点与弱点　64

如何发现有效的产品　67

底线　69

9 美学与医学

新的美容项目　71

医疗美容的优势　75

医疗美容的不足　75

医疗美容的未来　76

10 激光与光子治疗的局限性

专业与设备　77

激光的真相　78

光子嫩肤的神话　80

如何保护你自己　81

11 是否提升皮肤：关于整形手术的看法

整形手术的历史　83

不要忘记负面的东西　85

新问题的新办法　86

第3篇　灾难与思考

12 皮肤疾病与伤害

什么是正常　91

当发生异常情况时　93

日常生活中的皮肤疾病　95

导致皮肤疾病的原因　95

常见的皮肤疾病　96

13　痤疮是怎么回事

痤疮是如何发生的　102

坏消息：细菌突变和抗生素耐药性　102

天然物质疗法　104

如何治疗痤疮　105

好消息：基因研究和生长因子　106

14　皮肤色素改变及其目标

黑色素　108

皮肤色素影响治疗效果　109

色素沉着与色素减退　110

改变皮肤色素的产品及措施的恐怖之处　111

15　脱发与毛发再生

男性型秃发　113

历史回溯　114

对佩戴假发的疯狂——从路易十三到美国总统　115

为治愈脱发而不懈努力　115

毛发再生治疗成为一种国际现象　116

药物治疗　117

生长因子正走向脱发的治疗舞台　117

第 4 篇 健康愿景

16 回归基础

制订你个人的皮肤护理计划 121

了解你的皮肤类型：一项家庭测试 122

有关皮肤类型的重要知识 123

任何皮肤护理计划的三大要素 127

常见问题解答 128

17 营养和皮肤

优质蛋白质 132

水 132

Omega-3 132

抗氧化剂 133

皮肤护理产品中的抗氧化剂 135

其他对皮肤有益的营养物质 135

哪些食物能营养皮肤 136

保健品 138

18 皮肤损伤的护理

创伤 139

咬（蜇）伤 140

冻伤 141

愈合的过程 141

皮肤损伤时应该做什么 142

其他重要知识 143

现实的做法是要时刻做好准备 144

19 选择一位皮肤科医师和专家

使用 TREATMENT 方法寻找一位皮肤科医师　146

信任　148

参考　149

经历　149

从属关系　150

培训　150

成员　150

平等　151

自然放松　151

业绩记录　151

患者的直觉总是正确的　152

值得花费时间和精力　153

20 科学的皮肤护理

皮肤的天性　155

皮肤的营养　156

皮肤的科学　156

1
皮肤的科学解决方案

❧ 天然、营养和现代的护肤科技 ❧

人类的皮肤非常神奇。它温暖、柔软却又令人惊讶的坚韧。无论是皱纹、痤疮，还是创伤、烧伤，皮肤都能有强大的保护和修复能力。皮肤保护器官和血管免受环境的伤害，维持您目前的和将来的所有状态。当身体内、外出现异常时，皮肤可以在健康状况变成大麻烦之前就提醒您进行处理。

我们的皮肤能产生和分泌许多有益的物质，比如蜡和油。这些物质是我们身体的天然水屏障，并能抵御细菌，并使我们的皮肤变得柔软。皮肤的汗腺产生汗液，汗液基本上由水和高浓度钠组成。汗液通过毛孔向皮肤表面移动，排出体内废物，并通过水分的自然蒸发来降温。

皮肤的整体功能是系统的、神奇的。它是一个多层次的生命体系、神经、血液、腺体、感觉传导等数量惊人的生物活动会在同一时间协同发生。老化细胞向上移动至表层，并不断地被年轻细胞形成的新生结构所替代。表层细胞大约每月更新一次，每天会丢失上百万个细胞。

然而，即使皮肤是人体最大的器官，也是最辛勤工作的器官之一，但却是被认为最理所当然的了解最少的器官。我们纠结于它的外观，在上面涂抹各种成分复杂的混合物。我们试着承诺要保持它年轻的光彩，但却没有足够的知识和护理方法来恰当地保护它。

这其中的部分原因不是我们皮肤的问题，而是我们心理的问题。我们总是相信护肤品销售人员关于产品的所有宣传；我们总是相信外用产品能抚平岁月和历史的痕迹；同时，我们又总是怀疑手头的产品，对自己太容易被吸引而感到羞愧，即使护肤品产业如此庞大，开销也变得如此巨大，促销员的卖力推荐让我们很难拒绝他们的产品。

我们生活在一个科学和医学的新发现能挽救和改善生活的时代。这些新发现的确能帮助我们寿命更长、看上去更年轻。这不是对将来的展望，是我们在实际工作中已经能利用的现有知识。本书中的每个信息和见解均阐明了目前全球市场真实有效的产品和技术，以及如何找到它们并将这些知识系统地融入到您的生活之中。

在化妆品市场宣传中分辨出哪些是真实的科学和医学术语并不是件容易的事。我编写本书的目的就是为了将它变得更加容易。

我的职业生涯一直致力于了解皮肤和关于皮肤功能的教学。我曾在加利福尼亚大学、澳大利亚皇家墨尔本理工研究院、爱尔兰皇家外科医学院和旧金山大学做过研究工作。我攻读免疫学博士学位时，主要研究抗体成熟和B-淋巴细胞应答。这些研究让我了解到了更多创伤和烧伤的知识，期间我研究了生长因子在组织创伤和烧伤愈合过程中的作用。这些临床皮肤病学研究教会我如何治疗皮肤。对我来说，是时候通过本书来分享我的专业知识和经验了。

我已经发现自己的研究是如何被误解的。当皮肤需要修复的时候，生长因子通过信号传导机制告诉细胞。这和许多烧伤患者的生活质量获得改善的原理一样，这种机制也有改变护肤效果的潜力。

和许多其他的新发现一样，生长因子已经被化妆品厂家滥用以促进他们的产品销售。当我们被误导和要面对自己的无知时，这是多么令人痛心。随着每年新确诊的皮肤癌病例不断增多，以及如此多的人在尝试各种新奇的抗衰老产品和方法，使得为普通人群提供大家都能理解的、清晰简明的皮肤和护理知识变得迫在眉睫。

当今社会的技术、科学和医学进展速度如此之快，以至于我们几乎无须深刻领会每天所使用的工具和物品。比如当我们使用一台更新、更快的电脑时，我们并不需要知道它的工作原理是什么；但是，如果说到皮肤护理知识，涉及的就是您自身的健康。皮肤是生命和美丽的重要组成部分。它有自己独特的本性，需要您特殊的呵护。科学可以帮助您更好地呵护皮肤，而我愿意告诉您这其中的奥妙。

名词

皮肤是非常有趣和复杂的器官，但并不是非常难理解。为了更好地理解本书内容，我们需要对一些基本名词进行定义。这些名词是理解皮肤的功能、特性、如何护肤和养肤，以及科研人员和化妆品销售人员惯用的框架——皮肤科学的基础。

您常会听到一些护肤品广告中出现诸如胶原和弹性蛋白这样的术语，但是这些产品的生产厂商很少会花时间来进行说明。以下是一些最常用的皮肤科学术语以及每个术语的简明定义：

胶原：胶原是形成结缔组织的主要组成蛋白质，是皮肤的主要结构蛋白质。它支撑连接肌肉到骨骼的肌腱，在软骨和骨中的含量也很丰富。它也在不同部位如心脏、膀胱和血管中连接细胞和组织。当我们衰老时，生成的胶原减少，对细胞结构的支撑减弱，导致我们的身体组织开始下垂。

真皮：真皮相当于皮肤的大脑。皮肤所有的纤维、酸、血管、神经、腺体和毛囊均位于真皮内。真皮是位于表皮下方或者说是皮肤最浅层下的一层皮肤。

弹性蛋白：年轻人的皮肤平滑，少有皱纹，是因为含有丰富的弹性蛋白。这种蛋白质可以保持皮肤的柔韧性和弹性。当皮肤被拉伸、按压或捏起时，它的形状能快速回复。老化和环境等因素导致的皮肤损伤可以使弹性蛋白生成减少。遗憾的是，这意味着随着年龄的增长，我们的皮肤会失去平滑和紧致，出现松弛和皱纹。

表皮：表皮是皮肤最外层。它形成一种保护屏障，使皮肤免受感染、脱水、晒伤及其他环境因素导致的损伤。大多数影响皮肤色素、肤色的细胞也位于皮肤的这一层。

成纤维细胞：成纤维细胞是生成结缔组织、皮肤胶原和弹性蛋白的细胞。

自由基：皮肤的主要敌人是一些叫做自由基的分子。阳光损伤、空气污染、吸烟等因素可导致自由基的产生，损伤 DNA，破坏皮肤的胶原和弹性蛋白；但幸运的是，我们可以借助于抗氧化剂来最大限度地减少损伤。

角蛋白：角蛋白是构成表皮的坚固的结构蛋白质。它也是指甲和毛发的关键组成成分。角蛋白通过阻止身体水分的蒸发来保持皮肤的水合度。

黑色素：黑色素是由黑素细胞产生的一种色素。这种色素不仅赋予皮肤、眼睛和毛发颜色，也使我们免受阳光中紫外线（UV）的损伤。

皮脂腺：皮脂腺是通常位于皮肤真皮层毛囊附近的小腺体。其可以通过分泌一种叫做皮脂的流动性脂肪样物质，包括蜡类酯、三酰甘油（甘油三酯）和脂肪酸，来保持皮肤湿润度以及锁水。导管连接皮脂腺和毛囊，分泌物（像凋亡的皮肤细胞那样）沿毛干到达皮肤的表面。

T形区：即使您不是给失眠人群推销护肤品的晚间节目的粉丝，也应该听说过T形区。T形区是由于前额、鼻子和下巴形成大写字母T的形状而得名。该区域可以比其他任何部位的皮肤产生的油脂都多，这就是为什么这一部位最容易出现诸如丘疹、黑头粉刺等痤疮问题。

启示

人这一生，见到他人后递出的第一张名片就是我们的皮肤。烧伤科的患者让我和他们自己明白了，能享受健康是多么大的一份恩赐！他们也让我明白，我们的皮肤是那样神奇，护理好皮肤是一项如此神圣而不是零碎的工程。

作为一名科学工作者，我开始将皮肤看做是忠诚的朋友，目睹皮肤受损或受伤会伤心。这种巨大失落带来的绝望深深地触动了我，引领我回到实验室，在那里我曾经仔细研究过，当皮肤受损以及我们愿意怀着爱心和敬意来护肤时，科学能为我们提供什么。

研究的数据越多，我就越开始明白我们处在一个卓越的时代。我开始知道可以用最新的皮肤知识来获得令人惊讶的真实效果。对那些有严重皮肤创伤患者的感同身受是不能完全用文字来表达的，但这种感觉激励我致力于送给人们一份礼物，就是了解人们自己的皮肤。

翻阅这本书，你将会在自己的护肤道路上开启一次绝妙的旅程。此番旅程将带领你认识神奇的细胞膜，它比宇宙间任何其他东西都与你更亲近。请准备好开始探索皮肤性能、养护和现代护肤科学吧！

　　稍事休息片刻，想一想自己的皮肤。而治愈各种皮肤顽疾，仅仅依靠想象是解决不了问题的，不过所有能增强免疫系统功能的行为对皮肤功能和外观都有好处。比如你早晨飞快地冲个澡，可能并没有特意花时间用手把皮肤擦干净。单就这个举动就是一种简单的护理和防护。如果你的皮肤表面长了疙瘩、肿块或者出现任何不平整，即使没有红斑、瘙痒或者其他刺激性表现，你用手也能摸得到。皮肤是你抵御外界严酷环境的主力军，是第一道防线。请默默地感谢皮肤为你所做的一切，感激它的辛勤付出吧！

　　当你关注自己皮肤的时候，回想下最后一次看到小宝宝自娱自乐的模样。你笑着看到宝宝对接触到自己的身体饶有兴趣，好像他们开始感受生命的奇妙。我们可以通过观察孩子们来洞察生命体的大量知识。婴儿会躺着抚弄他们的小手，并在很长一段时期内感受皮肤和身体其他部位的奇妙之处。随着年龄的增长，我们中很多人失去了对自己的这种关注。趁着这个思考的间歇来设法重拾这种关注吧！

第 1 篇
科学与蛇油

在现代皮肤护理这个浩瀚的海洋中遨游，最大的挑战就是理解科学研究和它们的应用。

我们是一个总在关注自己外观的物种。这种对美和对异性吸引的追求促使我们中的一些人最先投入试验和探索中。接下来的章节将剖析我们如何从河床到实验室，以及我们如何在市场言论中迷失了方向。通过了解这些起源，希望我们可以更容易地将科学工作者和卖蛇油的商贩区分开来。

化妆品和皮肤护理的历史要从埃及艳后的牛奶浴和美洲土著人的"面部颜料"谈起，其发展到如今的遗传研究、干细胞应用，再到生长因子的发现，这一过程并非一帆风顺。历史告诉我们，从一开始，就是同样的原因让我们一直走在崎岖和蜿蜒的道路上。本篇将讲述现代皮肤护理发展的故事，以及我们是如何到达目前所处的阶段。

2

美丽和科学

我们的祖先和化妆品科学

人类总是设法保护、治疗和妆饰皮肤。我们是渴望追求健康和美丽的物种。这些观念激励着我们像如今这样信赖科学。

考古发掘已经帮助我们揭开了证据。在我们早期的历史发现中，天然药典中的许多各式珍宝今天仍在使用。这些人造制品代表了现代化妆品工业科学的开端。人们利用颜料的第一个证据来源于25万年前的旧石器时代中期。含氧化铁的物质，比如黑色、红色、橙色和黄色的赤血石和黄土，开始广泛用于葬礼、石洞壁画和身体彩绘。

早期的人类使用天然化妆品和皮肤护理藏品来柔肤和妆饰。蜂蜜、矿物和植物染料、黏土、火山灰和动物脂肪的使用，意味着从一开始，科学在人类日常生活中就占据了一席之地。

其他动物也在用它们自己的原始方法，探索用泥和草药来治疗。同样，能够激发性欲的特征并不是人类独有的，而是所有生物都具备的重要行为。比如，天然妆饰品如雄鸟的鲜艳羽毛能激发鸟的生殖能力。交配的戏剧是我们星球上最了不起、最奇妙的现象之一，而现代化妆品科学就是其开场舞的一种延伸。

几千年后，人们开始在仪式上用颜料进行人体彩绘，你可以想象，那个时候人们使用化妆品的故事也许就已经开始了。女人们在水中沐浴，与自己的倒影玩耍时，用来自火山坑的炭混合河床的细泥来作弄她们的眼睑，这样第一个化妆品就出现了。当女人返回露营地时，男性首领猛地转头目睹了她的新面容。男人们也许并不能确切地知道发生了什么，但是他们不由地会被女人们新的神秘魅力所倾倒。当然，女人是不会错过任何事情的。

很快，装满炭和泥混合物的小牛皮袋就一直随身携带着。当她们想让男人效力时，就用上这诱人的东西，以获得配偶更多的注意。

河边的女人们可以看做是化妆品行业的创始人和第一批科学家了。不只是因为她们知道怎样在需要的时候用眼妆来吸引男人，还因为她们也学着用自然疗法来给宝宝们治病。她们用芦荟减轻烧伤的疼痛，用木炭治疗消化系统疾病，用蜂蜡酯的神奇功效为皮肤保湿。帐篷是她们的实验室，她们就是自己的化学家。传统的美容科学就这样起源，并延续了数千年。"市场"是口口相传并且直白的：人们必须对自己的产品负责，否则就会惹怒他们最直接的消费者。如今的市场炒作和营销如果不能达到宣传的预期，运营成效也会戛然而止。

所谓文明的基础开始于 1 万年以前，那时绵羊和山羊被驯化，小麦、大麦、无花果和大米开始在世界各地进行种植。在种植期后，农作物的收成已经能进行储存，就能够承载大量的人口。城镇与复杂的社会等级制度开始发展。社会地位较高的男性和女性经常用精细的图案来妆饰他们的脸，化妆品科学的下一阶段就开始了。

许多古代文明因他们的妆容和美貌的文化遗产而闻名。6 千年前，古埃及人用铜、铅矿、灰、赭石和孔雀石生产化妆品，将眼睛妆饰成杏仁形状，现在人们普遍将这些与他们的文化联系起来。他们用一种原本用来防止眼部感染的有毒硫化铅混合物方铅矿来制作深色、光泽的眼影膏及其他化妆品。他们的妆容广受欢迎，以至于人们走到哪里都带着装了这种混合物的小包装盒。即使是在早期，也已经可以通过化学反应生产出细腻、晶莹和有光泽的混合物。据说埃及艳后还用驴奶沐浴来平滑肌肤。无论如何，古埃及人的美丽遗产并没有随着法老而消亡。他们还喜欢在眼周画黑色眼影以及用蓖麻油来保湿。这两种成分沿用至今。

早期的化学成就不仅见于古埃及。大约在公元前 3000 年，中国人就开始用天然产品比如蜂蜡、明胶和蛋白来染指甲。他们将红凤仙花、玫瑰、兰花的花瓣和明矾一起压碎，用来把指甲涂成粉红或淡红色。周朝（公元前 1046—公元前 256 年）的人们使用金和银色；后来，皇亲国戚穿着红色或黑色，而下层阶级只准用暗淡的、更端庄的色调。公元前 4 世纪，希腊的妇女将铅白和地桑葚涂在脸上当胭脂用。她们还用煤烟画黑眉毛。

古罗马人使用包含玫瑰香水、蜂蜡和橄榄油成分的各种产品。他们还会泥浴和用含大麦粉、黄油等可食用成分的产品来治疗痤疮。他们还把羊油和血混合起来制作指甲油。虽然许多现代的美容产品商店倾向于含天然成分的产品，但毫无疑问没有谁会用这样的配方。

在古罗马，化妆品不是只有女人使用。那个时代的男人经常染金发，有钱人会涂撒金粉。北非、印度和中东的人们用指甲花染发，还用来在手和脚上画精美的花样。

公元前 1500 年，日本人和中国人开始用米粉来涂白面部。他们还把牙齿涂成黄色或者黑色，还会修眉。不过，面部美白不仅见于亚洲大陆。在中国和日本掀起这种潮流后 500 年，希腊人紧跟趋势，用铅白或者白垩粉扑面，再涂上黄土里加入赤铁做成的口红。

阿拉伯人完善了蒸馏的工艺，并在十字军东征后，将大量的玫瑰水及其他香水出口到欧洲国家。在 14 至 16 世纪，意大利和法国成为化妆品生产的中心。在伊丽莎白女王统治的英国，顶尖时尚再次把目光转向头发，红头发的伊丽莎白女王在位时，人们开始把头发染红。还把生蛋清、蛋壳粉、硼砂、罂粟子和明矾直接涂到皮肤上，来使肤色更白、更光亮。然而，化妆品也可以是危险的。16世纪末期，铅白加醋被用于提亮肤色。显然人们不想要在户外劳作的下层社会的人那样的深色皮肤。

在欧洲，化妆品科学迅速发展，并被欧洲移民传播到了美国。在19世纪，维多利亚女王反对面部化妆，宣称那是庸俗不当的，只适合在表演舞台上使用。幸运的是，这一时期各地的演员已经用氧化锌做成的面部粉剂取代了致命的铅和铜的混合制剂。

那个时候，市场宣传和产品实际功效之间的差异仍然很小，直到19世纪中叶，工业时代的飞速发展使厂商可以不用面对顾客的不满，情况开始发生改变。

Q： 我一个巴基斯坦的朋友宁愿把姜黄做成糊来治疗擦伤和切割伤，也不愿用绷带。她说这能防止感染，促进愈合。是这样吗？

A： 在许多文化中，把姜黄视作一种很强的抗炎剂，用来治疗伤口和损伤。它还能和盐、牛奶混合口服用于减轻咽痛。姜黄含有姜黄素，和姜属于同一类。研究显示它有助于免疫系统和肝功能，还有迹象表明其可以舒缓关节炎和调节血液循环。

现代化妆品研究进展

现代化妆品行业开始于20世纪初。到1900年，尽管维多利亚女王并不赞同，但稍微用点化妆品还是广泛流传开了。随着维多利亚女王的去世和她那些护肤陈规的终结，她狂热的儿子爱德华继位。著名的花花公子英国国王爱德华七世活到了老年，在他统治时期，化妆品生产成为全球贸易蓬勃发展的一部分。欧洲和北美人也喜欢去 SPA 和美容院，希望能在社交中显得更年轻。由于对化浓妆仍然多少有些偏见，女人们更愿意只用亮色的蜂蜡来涂抹嘴唇，用非常细的眼线和粉妆饰眼睑和睫毛。

随着 20 世纪初化妆品销售量的激增，化妆品商家也目睹了实验研究的大幅增长。早在 1862 年，亚伯拉罕·林肯（Abraham Lincol）就设立了化学局（即后来的食品药品监督管理局）作为农业部的一部分。随后它逐步增加了对食品、化妆品和药品安全规定呼吁的响应。

19 世纪，人们对健康和保健的兴趣席卷北美社会。中产阶级的健康倡导者、全麦饼干的发明者席维斯特·葛拉翰（Sylvester Graham），预言了一种源于饮食改良的新道德秩序。1896 年，约翰·哈维·凯洛格（John Harvey Kellogg）医生认为最佳的健康只能通过清淡的食物、禁欲以及每日酸奶灌肠来实现，他的专利产品就是现在家喻户晓的玉米片，有关营养的科学研究真正地开始了。

Q： 当我的孩子得水痘时，我会把一勺燕麦装进一只干净的旧短袜里，末端打结，在孩子洗澡前浸泡在浴缸里。这会使水质变软、变好，但是除了使孩子感觉更好的安慰剂效应外，还有什么别的作用吗？

A： 燕麦能吸附皮肤上的污垢和油脂并清除死皮细胞。它有助于减轻银屑病、晒伤和皮炎的痛痒。我认为用短袜包裹燕麦的一个重要原因只是防止燕麦溶掉和堵塞下水管。

基督复临安息日会的教友，像凯洛格医生，是素食者，对于饮食非常苛刻。凯洛格医生和他的兄弟威尔（Will）在他们对水稻、小麦、燕麦和玉米等全谷物食物的研究中研发了一种片状谷类。

这一时期，凯洛格医生是对日常生活习惯进行细致研究的一个典范。谷类食品早餐的流行源于素食运动。以肉类为中心的膳食，尤其是早餐，不仅容易造成胃部疾病，还会引发社会道德问题。

19世纪的最后20年，美国化妆品制造厂的数量几乎增长了4倍，多达262家。在第一次世界大战期间，加州香芬公司的直销人员卖出了500万份产品（化妆品及香水）。1920年，该公司的销售额超过100万美元。这家公司仍然经营着雅芳这一品牌，通过直销和网络媒体在全球进行家庭式销售。

在20世纪流行艺术装饰、健康时尚、SPA、短裙加野性的舞蹈如查尔斯顿舞，但那时对所有用于妆饰和呵护身体的化学制品的研究仍很局限。全球在经历了第一次世界大战和流感大流行的苦难和浩劫之后，人们准备快乐地享受生活。他们在上代人视为"轻浮的奢侈品"上花费越来越多的钱。女人们不再隐瞒她们使用了化妆品，唇膏、眼影的颜色变得更大胆、更深。随着行业数百万资金流注入20世纪的喧嚣中，化妆品企业雇了新一批的科研工作者。一大批试验室人员被聘用来研发配方。

20世纪初涌现的化妆品企业如蜜丝佛陀（Max Factor）、欧莱雅（L'Oréal）和美宝莲（Maybelline），在20世纪20年代经历了爆炸式的发展。女人们受到蒂达·巴拉（Theda Bara）和克莱拉·鲍（Clara Bow）等电影明星的影响，效仿她们使用深色眼线和深红色唇膏。在世纪之初，当可可·香奈儿（Coco Chanel）的粉丝们喜欢她在阳光下入睡，醒来后被晒黑的样子，日光照射的效应开始被人们所理解。1936年，欧莱雅发明了世界上第一款防晒霜。在20世纪余下的时间里，化妆品行业有了崭新的发展，国会调整了行业规范，关注安全问题如化妆品成分的产品质量、工厂工人的权利和在治疗中的应用。

尽管化妆品企业也关注美容用品和配方，但关于皮肤的严谨试验大部分仍然属于医学和疾病研究范畴。20世纪，人们对人体的了解有了许多突破，但新的化妆品知识主要局限在发现作用于皮肤或者皮肤系统的油和其他补充物。对大多数人来说，这种局限性目前仍然存在。

实验室发现与实验室新结论

新的科学聚焦意味着化妆品和护肤品的使用者，像你我一样的男人和女人们，要带着批判性思维开展大量的科学研究。

检验和查询存储在当前数据库中数万亿字节的数据，跟实际在实验室中进行的自然科学研究一样，都是很了不起的。在这些问题上，人类的经验、精力和专业知识的数量是令人惊叹的。同时，它又受到企业逐利心态的极大阻碍。这是每个人都亲眼目睹的一个事实，它使我们对护肤品厂家的宣传持一定的保留态度。尽管在杂志、互联网、电视和广告牌上随处可见大吹大擂的宣传，但我们要知道，往往这些"信息"是来源于广告文案，而不是科研论文和研究报告。

我们都知道，皮肤是人体最大的器官，对人类的生存是必不可少的。如果有东西以错误的方式渗入或者渗出皮肤，那我们就惨了。这种情况也使得我们的皮肤成为最脆弱的器官之一。火灾、车祸，甚至过度日晒都可以作用于表皮和其下的真皮层。

不过，即使化妆品行业最终能从处理皮肤损伤的经验中受益，它们也不会关注危及生命的严重情况。此外，由于皮肤护理和利益驱动之间存在联系，深入的、值得信赖的、广泛的皮肤护理相关研究获得的资助明显不如其他许多医疗领域。

毫无疑问，真皮和表皮都是我们人体最关键的部分之一，正如肺将氧气带进身体、胃吸收营养一样，我们的皮肤能保护身体内部免受外来物的入侵。然而，仍有大约三分之一的美国人时刻受到皮肤问题的困扰。我们这个最大的器官对损伤和疾病极其敏感，因为它暴露在最外层。没有其他器官或组织来保护皮肤，它可能随时受到毒素和腐蚀性物质的攻击。

我们的皮肤存在于身体内、外交界之间的最外层。我们看得见皮肤，却看不到它是如何工作的。此外，护肤行为常常被看做是毫无意义的。由于皮肤所处自然环境的恶劣以及那些错误观念的误导，使得严谨的专业研究的资金经常忽视对皮肤研究的资助。能拥有科研基金的也就是那些隶属于美容行业的实验室了。例如，在美国仅有2%的国立卫生研究院（NIH）预算能拨付给皮肤疾病相关的实验室。

也有些团体如美国皮肤协会（ASA）的研究资金并不是直接由美容公司所有。ASA每年有超过100万美元的资金，由科学家和医生组成的工作组来选择前期工作与皮肤有关的团队来接受拨款。他们将资金提供给经验丰富的前辈，也一样用于年轻人启动自己的事业，关注黑色素瘤、银屑病和儿童皮肤病等棘手问题，研究范围从痤疮到干细胞移植都会涉及。

这些研究工作在世界各地均有开展，它们各式各样、内容丰富、令人惊叹。它们通常会以医疗问题开端；不管怎样，各种期刊和会议将所有的医学新发现引入皮肤护理界和美容界，将两个领域的科研人员汇聚在一起。继利兹大学的皮肤研究中心（SRC）十多年的研究后，英国皮肤科公司Evocutis于2012年推出了人体皮肤模型LabSkin™。人体皮肤替代品的生产和增长持续发展，已经意味着可以跳出目前对动物试验的限制，来进行严谨的试验、观察及其他实验室数据分析。在这类工作的基础上，研究人员可以观察到在皮肤上和皮肤内部的各种损伤表现。

当然，这也已经用于商业目的。近日，德国Fraunhofer研究所设计了一个完全自动化的生产线，来制造人体皮肤模型，每月可以生产5000个1cm见方的组织片，每个造价低于€50。由于欧盟不再允许化妆品公司进行动物试验，这些模型的主要消费者就是这些企业。不过，当他们购买组织片的时候，是为皮肤模型生产线的研发付费，还是为实际的自动化生产成本付费呢？

底线就是，实验室在认真制作皮肤模型——从表皮直到真皮——用于科研。这意味着我们现在可以在人造的皮肤上进行试验，而不是先进行动物试验随后再进行志愿者人体试验，避免了承担试验的风险和残酷性。现在我们可以监测皮肤对物质的反应，以及在短期和长期情况下皮肤状况是如何变化的。

这些研究成果最先用于烧伤患者、某些癌症患者、痤疮患者、需要更有效的抗衰产品的人。这类研究获得的资金越多，就越有利于皮肤，在治疗领域获得的成功就越大。

最大的问题是大型美容公司该投入多少预算进行研究。如果这些公司在资助皮肤科学研究中扮演着更重要的角色，那么在未来决定研究方向的时候是否也具有更大的话语权？

像 ASA 和 SRC 之类的研究资金纯粹是关注揭示医学科学奥秘的。他们创建自己的财务系统以免受公司的约束或者控制。不过，美容产品投入的巨大费用使企业执意去寻找能让他们的产品听上去非常棒的信息。这就意味着化妆品公司的宣传广告用语来自于医学实验，并决定了化妆品的营销模式。

不过，由于化妆品行业只是借用了实验室语言，这并不意味着他们真的能把科学新发现发挥其最大效益。

化妆品行业在整个 20 世纪得到了迅猛发展，而医学科学技术的巨大突破来自于对基因的研究。随着基因图谱的完成、知识面的拓展，我们已经开始探寻皮肤老化的真正原因。其中一些公共基金研究的进展已经用于我们的化妆品。在其他许多情况下，我们只是被告知，有些进展已经应用于化妆品。对我们来说，搞清楚差别所在非常重要。

在接下来的三个章节中，结合我们自己对干细胞和生长因子的研究，将为您介绍基因是如何真正地形成现代皮肤护理的科学基础，还有那些纯粹是为了市场营销而被过度吹捧的令人振奋的发现。

3
基因研究和您的皮肤

皮肤的外观永远都受到基因的影响，这就像从你的祖母遗传了音乐才能，从你的父亲遗传高挑的眉毛，或你和弟弟一样吃了番茄会胃灼热。

组成基因的DNA会给细胞发出指令，根据独特的编码来生成特定的蛋白质，从而影响身体的每个结构功能。人类有20 000 ~ 25 000个不同的基因，融合成一个庞大的体系来构成我们特征的多样性。许多独特的因子决定我们的外观、不同的个性、综合的健康状况，以及作为人类的所有特征都编码在这个颇具诗意的运行系统中。

编码对我们的整体影响是综合性的。在未来的几十年内，我们还会有很多关于相似性和独特性的新发现。如今，科学家们相信基因能决定一个人倾向于乐观主义还是悲观主义，当然，基因还控制着体质因素比如肤色和皮肤类型。

在新千年的第一个十年里，科学家们开始将基因新发现用于科学和医学的各个方面。解读人类基因组并不意味着我们就了解它，不过，研究基因结构与功能的分子遗传学是目前最引人关注的分子生物学亚专业。

人类基因组计划已经使科学家们能够分离出特定的致病基因。基因测试也取得了进展，可评估疾病的易感性，让我们看到了针对特定基因层面靶向治疗的开端。然而，这也意味着要对先前的假设进行重新评估。例如，基因不一定是具有特定作用的独立单元。事实证明现实情况要复杂得多。此外，我们现在知道，基因并非是遗传的唯一决定因素，个体一生中的某些获得性性状也是可以遗传的。

随着数据的建立，研究人员的发现将清除之前的一切。新发现随时都会出现，而不一定是相隔数十年才能有所收获。当实验室的科学家汇总了所有的发现后，揭示这一切就变得非常简单。

遗传是复杂的，因为在特征和基因之间并不存在一一对应的关系。许多基因共同参与个体特征的形成，还有许多特征是由一个基因来影响和决定的。与皮肤护理有关的一切甚至更为复杂，因为基因对人体内蛋白质的生成和使用有非常重要的影响。

关于皮肤科学护理的主要知识是，真皮和表皮都是由一系列蛋白质组成的，包括增加皮肤韧性和弹性的胶原蛋白，以及主要决定皮肤颜色的黑色素，它保护我们免受日光紫外线的伤害。

遗传与突变

大多数人认为肤色、肤质和皮肤类型都是从父母的基因那里遗传来的。这一假设是部分正确的，但环境和生活方式可以显著影响这些特征。暴露于环境中的毒素、高或低水平的日光照晒、极端温度、不良的饮食习惯、缺乏运动、吸烟、酗酒、处方药，以及许多其他因素都可以促使基因突变，改变皮肤特征。

有些人误认为，许多皮肤疾病可能都有与之对应的特定基因。其实基因本身并不引起或控制任何疾病。如果一个基因的 DNA 序列改变或突变，它会使该基因编码的蛋白质发生异常，导致结构或功能紊乱。

　　尽管一些异常可从一代传到下一代，但生后才逐渐显现的皮肤疾病也很常见。臭氧空洞的发展过程中，皮肤癌的发病率增加就是最有名的例子。这是一个已知的环境诱发因素。主要原因是氯氟烃或氟氯化碳，国家公约已经禁止其在生产中使用，目前臭氧空洞的情况已经稳定，但我们不知道还有哪些其他环境因素正在危害我们的皮肤。挥发性有机化合物（VOCs），如苯和溶剂，以及汽车产生的炭黑等颗粒物，覆盖在地球表面，成为我们皮肤上的有毒物质，甚至我们上床睡觉时仍存在。表皮和真皮是由细胞组成的，不可能不受环境条件、生活方式或有害化学物质的损害。

❀ 遗传性皮肤病 ❀

　　有些皮肤病可能是遗传性的，但你无法对基因结构做些什么。最常见的至少部分与遗传相关的疾病是银屑病和酒渣鼻。酒渣鼻一般通过面部点状红斑即可辨认，而银屑病表现为由皮肤细胞过度生长而导致的红色和白色鳞状脱皮的斑片，通常位于关节如肘和膝关节处，身体其他部位也可出现。另一个遗传性皮肤病是白化病，但是不那么常见。白化病患者的皮肤、眼睛和毛发中没有或只有一点黑色素或者色素。

　　这些疾病是不可逆转的，无法痊愈或治愈，但通过某些治疗可以缓解症状，并通过护理尽可能减少不适。最重要的一点是避免过度日晒。待在阴凉处，当外出会有阳光直射时先戴好宽檐的帽子。请记住，驾车时，阳光仍然会透过挡风玻璃照射到你的皮肤上，所以确保你擦了防晒霜，即使你只要花从家门口走到汽车的时间。此外，要避免使用刺激性清洁剂和护肤品。病理状态的皮肤非常敏感。尽可能使用温和的产品和治疗，可以将损伤降至最低。

　　请记住，皮肤科执业医师通常能看到皮肤上的一些异常痕迹、表现或色泽改变。皮肤癌是致命的，排除严重皮肤病的可能性非常重要。

老化和基因

一谈到护肤，很多人最关心的问题就是衰老。影响皮肤老化最重要的一个因素就是基因。我们的社会通常对老年人存在明显的偏见，年轻人往往能获得更多的特权和偏爱。人们害怕衰老。我们所处的社会不是一个敬仰老人、需要由生活富足和足智多谋的部落长老来指引大家的社会。相反，关注和优待经常会给予那些显得年轻的人。

抗衰市场在皮肤护理产业中是增速最快的，而且已经持续了相当长一段时间。大多数本世纪完成的研究已经给科学家们提供了有关老化导致皮肤结构变化的信息。然而，现代科研人员才刚刚开始研究影响人体老化速度和作用的原因。

内源性老化、外源性老化和光老化

老化分两种：一是内源性老化，很大程度上是遗传的；二是外源性老化，是由外部因素引起的。后者包括光老化，即暴露在阳光下造成的老化，可以视作独立的类型。

内源性老化

内源性老化是皮肤自然老化的结果。对大多数人来说，这个过程开始于二十多岁。随着逐步进入成年阶段，胶原蛋白和弹性蛋白的产生减慢，在皮肤拉伸时负责回弹的弹性蛋白含量开始减少。

在生命的这一阶段，不仅是皮肤的新生细胞生成更慢，而且皮肤死亡细胞的脱落也较难。尽管这些变化通常在成年后就开始发生，但要用几十年的时间才能显现出来，即形成细小的皱纹、突出的静脉、眼袋、脸颊凹陷、干燥或松弛的皮肤。内源性老化也会导致毛发的改变。不管是在不想要的地方出现头发稀疏，还是只是变成灰白色，都与内源性老化有密切的关系。

外源性老化

外源性老化的发生与暴露于污染、暴晒、重力或吸烟等外部因素有关，甚至我们的面部表情以及睡眠姿势，也在早衰、外源性老化中起作用。外界因素是皮肤过早老化最重要的原因，虽然我们无法阻止这当中的一些变化，但我们可以通过选择健康的生活方式来预防很多外源性老化征象的出现，如充足的休息和锻炼、健康的饮食。

有的女性试图通过日常面部锻炼来得到平滑、光洁的年轻肌肤，实际上反而会产生皱纹。面部运动可以形成真皮也就是皮肤第二层上的皮沟。随着年龄的增长，皮肤的弹性开始减弱，使皮沟成为脸上的永久性皱纹，手和身体的其他部分也一样。再考虑到重力的影响，就更明显了。重力的确能改变您的面部，拉长耳朵和鼻子，改变面颊形状，还可以使上唇厚度几乎完全消失。

如何睡觉也是外源性老化的一个影响因素。每天晚上用相同的姿势入睡可导致睡眠线或者皱纹的出现。可以通过晚上躺着睡觉来避免这些皱纹。

在芬兰、德国、荷兰、比利时、法国和加拿大的一些省份，很多其他司法管辖范围内，禁止为18岁以下的人提供晒黑沙龙服务。加拿大政府还要求行业在设备上贴上癌症风险的警告标识。换句话说，晒黑床现在被视为像乙醇（酒精）和香烟那样的监管物品。如果未成年人由于国家规定受到保护，无法使用晒黑床，那么成年人是否该采取措施来保护自己远离这种设备呢？

没有多少办法能防止自己接触到空气和水中的污染物，但你可以尝试至少有一段时间能给自己一个地方来呼吸新鲜空气。这可能意味着你可以在家中种上如洋常春藤、竹掌或波士顿蕨类等植物，让你的阳台绿荫环绕，或和其他房客一起给房子建造一个屋顶花园。

香烟是很容易避而远之的污染物。香烟中的化学物质不仅对呼吸道有害，还会损害皮肤。尼古丁可以在皮肤和牙齿上留下黄色残留物，使皱纹加深、头发枯黄，指甲也受到影响。除了自己不吸烟，还要阻止你和你的亲人周围的人吸烟。

光老化

到目前为止，外源性老化最主要的形式就是"光老化"。皮肤科医生用这个词来描述皮肤暴露于阳光引起的老化。皮肤色素的含量，以及日光照射的累积量，会影响日光损伤的严重程度。事实上，暴露于阳光的时间太长，特别是在热带地区或北半球夏季的正午，没有采取一些防护措施的话可能会导致细纹、黑子、老年斑、皮肤干燥脱皮，甚至某些类型的皮肤癌。接受一些阳光照射对我们的皮肤是很重要的，因为皮肤可以通过日晒合成维生素 D，从而促进钙的吸收来强健骨骼，预防维生素 D 缺乏症；还有其他一些好处，如预防肿瘤和心脑血管疾病。从食品中获得维生素 D 的最好来源是富含脂肪的鱼类。

光老化的征象往往潜伏在皮肤下很长一段时间，然后它们似乎在一夜之间出现。反复暴露于太阳光中的紫外线会损伤现有的胶原蛋白，妨碍机体新生胶原蛋白的能力。

炎症和免疫反应

不管是内源性老化还是外源性老化，有些与免疫系统炎症反应有关的基因对我们衰老后的容貌有很重要的影响。这些反应会严重影响表皮屏障。

表皮屏障能阻止有害物质、刺激物和过敏原渗透。它还能保持水分，调节整个皮肤的水合度。保护和保湿功能共同保持皮肤柔软和健康。当表皮屏障功能正常时，能使引起过早老化和皮肤疾病的细胞损伤最小化。

当人体暴露于过敏原、毒素或其他刺激物时，会诱发炎症反应来对抗感染。而同样有助于促进身体愈合的免疫反应也有可能损伤皮肤的外观、质地和健康。这也就是为什么有助于免疫系统的任何行为最终也会对你的皮肤有好处。吃健康的食物、保证充足的睡眠，并尽量减少压力，不仅会使你看起来年轻，也有助于享受生活的每一刻。

❧ 氧化应激 ❧

遗传测试正被用于营养补充剂和护肤品的个性化订制。最实用的遗传学研究发现之一是围绕氧化应激反应来对皮肤护理展开研究。

我们具备应对这种应激的能力，这取决于我们的基因结构。当我们体内细胞之间的分子键断裂，产生自由基时，就会发生氧化应激反应。我们的免疫系统可以产生自由基，在细菌或病毒感染的过程中刺激愈合，这是正常代谢的一部分。我们的身体一般会通过释放抗氧化剂来控制自由基的水平。当暴露于空气中的香烟烟雾或化学物质时会刺激自由基释放以攻击其他物质，连锁反应会形成大量自由基，可能没有足够的抗氧化剂来对抗自由基。抗氧化剂的量取决于我们的基因。缺点就在于所谓的氧化应激。目前，科学家们可以专门研究个人的基因图谱，来确定他们应对氧化应激的能力。氧化应激如果不加以控制，会导致皱纹和皮肤老化。基因检测可以提供重要的信息，帮助科学家定制皮肤护理产品，使每一种成分对任何个人都恰到好处，从而应对抗氧化剂的不足。

维生素 C 和维生素 E 是体内抗自由基损伤的重要抗氧化剂。然而，油炸食品、吸烟、酗酒、压力、空气污染和口服避孕药都可以消耗体内的这些维生素。

生活方式的改变，如摄入健康、均衡的食品，包括水果、蔬菜、坚果和种子，可以帮助维持高水平的维生素 C 和 E。

产品和技术规定

众所周知，在说到拥有美丽、健康的皮肤以及产品和技术规定时，是不涉及基因的。科学在为即使最糟糕的皮肤状况提供安全对症的方法上已经有了很大的进步。许多最好的天然治疗药物仍然用于各种产品配方，以达到护肤和防止有毒物质或基因损伤的功效。和所有的好东西一样，顶尖的皮肤护理也需要你从日常计划中抽出一些时间。你需要的是耐心，尽管你将面临巨大的挑战，但是光彩照人的皮肤是目前就可以实现的。

4

干细胞研究和您的皮肤

关于干细胞的报道非常之多，以至于化妆品行业把它们当做神奇的产品成分来推销。令人遗憾的是，在当今世界包括化妆品行业中，所谓的"干细胞"是没有科学理论基础的。护肤品营销人员擅长发现和利用当前的流行语来推销自己的产品，当然，对他们来说，"干细胞"就是一个时髦的词。

不过，干细胞科学很了不起。在哺乳动物中，干细胞能在暴露于组织特异性生化信号时通过有丝分裂，分裂成不同类型的具有组织特异性的细胞。干细胞具有自我更新能力，这意味着它们可以产生更多的干细胞。

正常情况下，人的细胞随着反复的分裂而衰老。大多数细胞在达到所谓的 Hayflick 极限时就会停止分裂。1965 年，加利福尼亚、旧金山、斯坦福大学的解剖学和微生物学教授 Leonard Hayflick，观察到细胞被设定为大约分裂 50 次后死亡。然而，干细胞可以突破这一极限，在机体的整个生命周期内都能持续再生。这意味着与生俱来的干细胞能在你的身体里分裂，并且持续到生命终止的那一天。

胚胎干细胞、脐带干细胞和成体干细胞

有三种类型的干细胞引起了医学研究人员的极大兴趣，它们包括胚胎干细胞、脐带（或脐带血）干细胞和成体干细胞。

胚胎干细胞

正如你可能知道的，对干细胞的研究存在争议，争议与三种特定类型的干细胞之一相关，即来自胚胎的原始细胞或胚胎干细胞。

乔治·沃克·布什（George W. Bush）政府曾下令封锁了所有用于胚胎干细胞研究的公共资助。2009 年初，美国食品药品监督管理局改变了这一命令，批准利用人类胚胎来源的干细胞进行初期的临床试验。他们批准该试验是基于胚胎干细胞再生特性前景的考虑。由于这些干细胞尚未分化，故具有在人体内分化为任何组织的特性。希望有一天，我们能够将干细胞编码用于修复受损的脊髓，治疗多发性硬化症和各种癌症。

第一个引起争议的地方是因为获得这些干细胞通常意味着会破坏用于体外受精（IVF）治疗的残留胚胎。通常成功进行了体外受精治疗的夫妇冷冻了多余的胚胎。这些冷冻的胚胎往往会被捐赠用于干细胞研究，但获得这些细胞通常意味着破坏胚胎，而那些相信生命始于受精的人们无法接受这一点，即使只是两个细胞在实验室里结合也不行。

最近，获取干细胞的新方法已经研发出来，可以保留胚胎的活力。如果一些夫妻携带隐性基因遗传性疾病，那他们的胚胎在被植入前就要进行相关测试。这类测试称为胚胎植入前遗传学诊断（PGD）。这个测试是从胚胎取一个单细胞来进行活检。如果把取样保留，分裂一晚，就有足够的材料进行测试，并从这些细胞中获得干细胞用于研究。

脐带干细胞

另一种类型的干细胞是在脐带血中发现的。这种富含干细胞的

血液是女性分娩后从脐带和胎盘中获得的，并储存在干细胞库里，以便将来在可能需要进行干细胞治疗时使用。脐带血银行可以储存可用的干细胞，用于供体的孩子及其兄弟姐妹在未来任何时候，当出现健康问题或紧急情况时使用。不过，采用这种方法获得干细胞，在获取和储存脐带血的过程中会增加如贫血、呼吸窘迫综合征或其他潜在并发症的风险。

脐带血银行也是一大产业，因此存在利润驱动，如果其在分娩过程中的重要性高于对母亲和新生儿的产后护理，这是有风险的。尽管这种情况与医疗工作者的选择而不是与医疗条件直接相关，但利益驱动总会增加风险，不过无论何种医疗措施，都存在一定的风险。

成体干细胞

最后一种类型的干细胞是取自成人体内的干细胞。不同于可以自我复制而不会分化成特定细胞类型的胚胎和脐带干细胞，成体干细胞是未分化的，但它们可存在于特定的组织或器官中，并已经被"编程"，以维护和修复所在的特定组织。因此，干细胞用于他人时仅限于干细胞来源的原组织。

干细胞和皮肤

在人体毛囊的立毛肌中发现了类似胚胎干细胞的未分化干细胞。这些细胞接受生长因子的信号指导，不断更新你的皮肤。在下一章中我们将详细介绍生长因子。基本过程就是皮肤干细胞不断再生，以更新皮肤。这就像手指割伤或膝盖擦伤时，瘢痕组织是如何形成并最终愈合的。我们的皮肤不需要更多的干细胞再生，它只需要一种物质或方法，将信号传递给细胞以产生组织特异性细胞。

抛开市场言论，没有哪个皮肤护理品牌能将整个人类干细胞用于他们的产品，其中一些只是使用人体皮肤细胞来源的提取物而已。

重要的是要知道国家食品药品监督管理局（FDA）只要求护肤

品厂家证明他们产品中的成分不会造成伤害就行了。他们不需要证明成分具有市场宣传资料说明的那样的效果。但是要知道，化妆品和药品的监管方式完全不同。尽管干细胞可用于医疗，但任何标称皮肤护理的产品中几乎不可能使用整个人类干细胞，或其他任何活细胞。

此外，护肤品厂家使用的是不会给任何人带来伤害的来自皮肤细胞的提取物。从本质上说，这些提取物是皮肤生长因子，而不是干细胞，只是通过信号传导使皮肤产生特定的新细胞。所以，一旦皮肤得到指令，新产生的细胞就能使干燥、皲裂或其他受损的皮肤恢复和愈合。护肤品里的生长因子会通过刺激身体里现有的细胞来使机体产生胶原蛋白和弹性蛋白，甚至可以逆转皮肤老化的部分进程。

化妆品企业所宣称的干细胞是什么

如果在化妆品中使用完整的人类干细胞是几乎不可能的，那么他们所宣称的干细胞是什么呢？其实，它们是——植物来源的干细胞。

大部分护肤品市场是由青睐"天然"植物产品的人们支撑的。但是，这些将干细胞跟天然植物相结合的宣传仅仅在销售和市场上有意义，事实上与真正科学的理念无关。

事实上，植物 DNA 完全不同于我们自己的，干细胞没有跨越物种的能力。苹果和人类显然是完全不同的物种。它们可能有助于提高皮肤的含水量或类似的满足表皮的保湿需求，但绝对与他们昂贵的市场策划宣传所宣称的那些内容毫无关联。

绿色营销并不总是诚实营销

我们所有人都想希望变得有魅力，绿色营销就是化妆品和护肤品生产商使用植物干细胞来恢复皮肤损伤的理由之一。虽然科研工作仍处于起步阶段，但人们已经习惯于将植物用于皮肤来获得更年轻的外观和更持久的光泽。令人遗憾的是，护肤品中的植物干细胞没有像人类胚胎干细胞一样进行医学研究，但将具有抗衰作用的植物细胞用液体培养基培养，加入用于人类皮肤的产品中是可行的。但这并不意味着让植物看起来年轻能让您看起来更年轻。

瑞士阿尔卑斯玫瑰就是一种能提供植物干细胞用于抗衰老护肤品的植物。这种植物生长在海拔 1 英里或更高的地方，那里气候极端干燥，冬季寒冷，夏季下午的紫外线指数水平非常高。这种植物有些特殊。它不仅无视生存环境的天气条件，还会在玫瑰花季后一季接一季地怒放。

玫瑰是世界上最经典的美丽花朵之一，我无法相信有女人会拒绝使用能让她像玫瑰花瓣那样光泽和柔软的美容产品——但干细胞还是不能跨越物种。

藻类也被吹捧为另一个皮肤护理的重头戏。这些单细胞生物在发酵罐、露天池塘和光生物反应器内繁衍。这三种方法中的任一种都不会威胁到我们的农田、森林或农村。来自海洋的微藻类可以提供蛋白质、抗氧化剂、维生素和健康皮肤所必需的色素。它们天生就有助于保护皮肤免受环境伤害，如过度暴露于紫外线和干燥。藻类在某些类型的护肤品中是一个有益的成分。但是，微藻类作为一种食品、饮料或补品时是有益的，但擦到皮肤上就不是了，因为皮肤里没有能让它发挥功效所需的酶。微藻类的炒作，就像瑞士高山玫瑰干细胞一样，只不过又是一个营销伎俩罢了。

植物干细胞目前并没有——而且可能永远也不会有使人体细胞新生的功效。植物干细胞有一定的潜能，可为人类提供特定的好处，比如保护现有的皮肤干细胞，并有助于防止未来的伤害。可是，一般被护肤品宣传淹没的人们也许很难确定到底能从植物 DNA 中获得什么实际的好处。当你疑惑的时候，最好的方式就是勒紧钱包吧。

5
生长因子和护肤品

人类皮肤是奇妙的。如果我们身体中的所有细胞能像我们皮肤中的某些细胞一样，具有更新和再生的能力，那么人类的平均寿命会比现在长得多。

当表皮受损时，会向我们皮肤表面的下一层即真皮发出信号，产生足够多的新细胞来治疗损伤。这些生物信号传导机制依赖生长因子（growth factor, GF），它们也开始出现在我们所看到的护肤品中。与许多成分不同的是，所有人使用生长因子来逆转时光和改善皱纹以及其他皮肤问题都具有巨大的潜力。

您可能会想，如果生长因子本身的自愈能力是如此完善，那又为什么需要被添加到护肤品中呢？随着我们年龄的增长，身体功能变得缓慢，而这种减缓包括皮肤细胞分裂成新细胞以及更新皮肤的过程。老化使皮肤变薄和下垂。在没有采取辅助措施的情况下，不能期望我们的皮肤都能保持年轻时的状态。

生长因子在我们的皮肤中执行两个必要的任务：它们保护我们的细胞免受伤害，并在修复受损的细胞时刺激新细胞的生长。添加生长因子的护肤品对所有类型的皮肤都有好处，无论色素、老化，还是任何其他情况。它们使痤疮瘢痕变平和变淡；它们平滑皱纹；它们甚至能淡化色斑。当与健康饮食和其他积极的生活方式配合时，护肤效果成倍于只使用含有生长因子的产品。正确利用生长因子真的是一个护肤奇迹。

对生长因子应用的科学研究仍处于起步阶段。最常被称为生长因子的是激素，不管其本质上是蛋白质还是类固醇。独特的生长因子构成一个家族（families），那些影响皮肤生长的生长因子被称为表皮生长因子。由于表皮意味着皮肤，很多人认为表皮生长因子只存在于皮肤，但血小板、血浆、尿液、唾液甚至乳汁中都含有表皮生长因子。

1986 年以前，从来没有人听说过表皮生长因子。20 世纪 50 年代，美国生物化学家斯坦利·科恩（Stanley Cohen）和意大利神经学家丽塔·莱维·蒙塔尔奇尼（Rita Levi-Montalcini）一起在圣路易斯明尼苏达州的华盛顿大学工作。他们那时开始了对细胞生长因子的研究，不仅发现了表皮生长因子，还证明了其在癌症发病中的关键作用。这些知识帮助科学家们设计出了更有效的药物治疗方法，以对抗疾病，减少每年因癌症而死亡的人数。

得益于科恩和莱维·蒙塔尔奇尼的研究，我们知道了哪些生长因子在本质上是蛋白质，哪些对维持皮肤健康是必需的。这些生长因子组成特定路径，来促进受损皮肤细胞的修复和再生。胶原蛋白和其他增加皮肤弹性的因子都通过生长因子得到增强，没有它们，真皮和表皮之间的相互作用会变得困难。最重要的是，将生长因子用于皮肤表面时，它们能穿透表皮层，像肥料一样作用于您皮肤的细胞。

真正的功效护肤品

将生长因子添加到护肤品中是一个有趣的现象。虽然它们曾经用在严谨的治疗或医疗领域，但现在含有生长因子的产品纯粹是用于美容目的。那些标有抗老化血清的产品含有天然蛋白质成分，能让皮肤年轻化，重建皮肤的胶原蛋白和弹力蛋白，让皮肤看上去充满活力而且年轻。不同于大多数的化妆品成分，从适当的来源，以正确的组合，并在正确的剂量下使用生长因子，确实能增加皮肤修复内源性和外源性老化损伤的能力。

外用护肤霜通常只用于治疗或只用于化妆品。由于生长因子改变了护肤品的特性，新西兰皮肤病学会规定将含有体内能产生的生长因子的产品标注为功效护肤品。换句话说，这些产品表现出化妆品和治疗的双重特性。当它们与其他有益蛋白质联合，将生长因子加入护肤品中，对于内源性和外源性老化征象的改善是无法估量的。

生长因子产品有助于肌肤产生新的胶原蛋白。这可以减轻皱纹，并可以完全消除细纹。这些创新性的、具有创始性提升作用的美容产品甚至被认为能去除点状色斑和老年斑。它们甚至可以在最大程度上改善粗糙、不平整，平滑纹理和增加皮肤弹性。

要想含生长因子的产品有效果，就需要将高品质的生长因子进行适当的组合。这需要学识渊博、技术熟练的工作人员，以及一个保证生长因子能适当组合的专门设计。人体内有很多不同的生长因子，而且各种生长因子都有独特的功能，所以你要是知道生长因子的正确分类的话，就可以立刻判断该产品是否能给你带来想要的效果，并防止不必要的副作用。

❧ 生长因子的神话 ❧

跟其他设法用于护肤品的任何科学发现一样，生长因子的开放使用导致了滥用和误用。

这些新产品中有许多并不含有真正的生长因子，或者它们含有的是由干细胞或重组大肠埃希菌制造的生长因子。即使它们是由人体血小板或身体其他部位，如脐带或骨髓产生的，事实上要用于皮肤再生都是没有科学依据的。

你必须要提防生长因子化妆品市场中"绿色"和"有机"等字眼，比如宣称产品含有植物干细胞。来源于其他物种的生长因子对人类是无效的。人细胞上的受体是人类生长因子特异性的，绝不可能接受来自不同物种的生长因子。所以当你看到商家宣称生长因子是兔子细胞、植物细胞或重组大肠埃希菌来源的，那么还是再看看其他的吧。

说到生长因子，干细胞研究的概念再一次被滥用。干细胞确实会产生生长因子，但干细胞不是体内主要的生长因子来源。干细胞生长因子的主要作用是促进发育，它们通常不参与组织的更新或修复。干细胞生长因子与我们皮肤相关的生长因子不同，干细胞产品也就是护肤品所宣称的基因技术革新的误用而已。对于基因产品能提升肤质的所有伪科学的废话，人们应提高警惕，即该产品很可能并不比其他保湿、润滑皮肤的产品更有效。生长因子联合干细胞这些灼热的字眼应视为一个警示信号，说明该公司正在出售骗人的蛇油。

毫不奇怪，不是所有使用生长因子的公司关于他们如何使用生长因子的宣传都是属实的。你在皮肤上外涂一些产品之前，应该做一些功课，这是常识。当选择采用生长因子作为功效成分之一的护肤产品时，厂家的宣称应有科学依据和机构认证。许多这些看上去能抗衰老的灵丹妙药在商场柜台都可以买到，但消费者更愿意从与他们已经建立了某种关系的商家，比如当地的 SPA 中心或他们皮肤科医生的诊室里购买这些产品。站在你自己的角度上科学管理好自己的皮肤永远是一笔财富。

以下提供了一些基本技巧和先进的方法，当你购买宣称含有有益的生长因子产品时，可以遵循以下步骤。

基本技巧：甄别假冒因素的四种方法

目前有许多含生长因子的产品在销售，但护肤品厂商试图推出的含某些生长因子的神奇配方带给我们的却是沮丧的消息。如果生长因子是由植物干细胞、重组大肠埃希菌、血小板或身体其他部位如脐带或骨髓产生的，那么这些生长因子对皮肤再生有作用是绝对没有科学依据的。只有少数几种生长因子对皮肤有益，而其他的只是打着科学术语的旗号，是没有丝毫用处的。以下 4 个简单的步骤可帮助你辨别护肤品中使用的"谎言"。

1.检查外包装

护肤品中有效的生长因子是蛋白质，所以它们对光敏感。这意味着任何一种产品如果是装在一个透明的瓶子里，其功效就值得怀疑。

2.寻找生长因子的来源

不管厂家使用的生长因子是来源于地球上最稀有的植物，还是兔子 DNA 产生的，这都无所谓。如果来自不同的物种，它们对人类是无效的。它只是一个廉价的生长因子来源，只是让公司得以将"含生长因子"的字眼标识在包装上，其实根本没有什么实际作用。

3. 排除干细胞或器官的"人体来源"产品

要记住，生长因子必须合成后以适当数量累加起来才有效。简单地从实验室的研究和试验中提取出干细胞是没有用的。公司必须努力将其他的功效成分与适当的生长因子正确地联合起来才有意义，而不只是把一些东西加在一起以便使用时髦的词来进行宣传。

4.检查原产国

大多数生长因子的研究、开发和专利都是在美国完成的，即便原产自美国也要注意其真实性。美国以外的产品应该仔细考量。

高级课程：前 10 位生长因子

如果你有时间和耐心去了解基本技巧以外的内容，那是时候学习高级课程了。下面列出了一些如今市面上非处方护肤品中常用的生长因子。它们不仅含有生长因子，而且还加入了抗氧化成分以对抗自由基，以及使皮肤保持光滑、柔软的保湿成分。许多产品成分列表标在包装内部，而不是印在外面使你可以在购买前阅读。如果你希望在购买前研究这些成分，就只能访问公司的网站查看资料，或者向柜台销售助理索要与产品有关的信息。

这可能需要一些时间来进行研究和调查，但以下的科学术语和符号均是合成的和分离的生长因子。这些都是你应该在生长因子产品中找到的活性成分，以及它们可能产生的功效。

1. GM–CSF（粒细胞–巨噬细胞集落刺激因子）

这些生长因子离开血液循环系统进入你的组织中，在那里它们促使白细胞聚集以促进愈合。其功效是减轻炎症。

2. bFGF（碱性成纤维细胞生长因子）

这种生长因子在临床用于烧伤后，也开始用于化妆品。它能促进新生血管形成，防止组织坏死和促进皮肤再生。

3. HGF（肝细胞生长因子）

这种生长因子在器官再生和伤口愈合中起一定作用。它也能启动新生血管的形成。

4. IL–6、IL–7、IL–8（白细胞介素）

这些白细胞介素据说能促进细胞的生长，减轻炎症和水肿。

5. IGF–1（胰岛素样生长因子1）

这种生长因子像体内胰岛素一样，能促进细胞生长和分裂。

6. KGF（角质形成细胞生长因子）

KGF是一种信号分子，可触发伤口愈合和启动新生血管的形成。

7. PDGF（血小板源性生长因子）

PDGF 也是一种蛋白质，可控制细胞的生长和分裂。

8. TGF-β（转化生长因子 β）

TGF-β 是一种信号蛋白，可触发细胞生长和分裂，特别是在启动胶原生成上起一定的作用。

9. TGF-β2 和 TGF-β3

这些同一蛋白质分泌的异构体可触发胶原的生成。

10. VEGF（血管内皮细胞生长因子）

VEGF 是一种信号蛋白，可恢复血供不良处的供氧，并促进新生血管的形成。

治疗性使用是短期使用

既然生长因子用在护肤品中有如此多的好处，那人们为什么没有奔走购买以其为成分的护肤品呢？主要原因在于这些产品的成本很高。生长因子最有效的制剂是精华，通常每盎司在240～280美元。

其他潜在的用户对于含生长因子的产品存在疑虑，因为他们担心其中含有转基因激素，或者表皮生长因子滋润皮肤时会使皮肤过度增生。谈到皮肤癌，潜在的用户可能会担心引入生长因子会加快肿瘤的生长速度。与你的医生讨论副作用的风险，包括当你被诊断为某些类型的癌症时可能会发生什么。请记住，任何产品只有在益处明显超过潜在的有害副作用时才能使用。

目前已经有很多有关生长因子的研究，包括短期使用于美容整形手术后促进伤口愈合和抗皱。由于用生长因子来治疗老化征象仍然是一个相对较新的方法，所以护肤品中生长因子的应用还有待进一步阐明。对此的任何猜测，尚缺乏完善的临床对照研究加以确认或证明。

虽然表面上短期使用含生长因子的护肤品是足够安全的，而长时间反复使用它们可能会带来无法预料的后果。治疗性的护肤品最好作为微整形的替代品。其使用应该是短期的，一旦愈合过程完成就应该停止使用。

第 2 篇
产品与美容方法

在过去的二十年中，诞生了很多新的皮肤护理产品和治疗方法，并且以难以置信的速度充斥在市场上。本篇作为本书的一个版块，你会发现这些产品或者治疗究竟是如何作用于你的皮肤的。

6
顾客真的在意质量吗

❧ 如何知道自己身处何处 ❧

我没有六块腹肌，我是一名给全世界各地患者治疗皮肤疾病和皮肤功能失调的医生，我在美容行业工作。我出席会议和从事科研工作，这些成果通过媒体广泛传播。我还上过电视节目。

当谈起我的专业成就时，这对我来说没什么；但是要谈论我的身体"缺陷"，则会让我感到难堪。

设想一下这些引发完美和不完美的社会现状。你最后一次听见一位男士说自己很帅是什么时候？同样，你最后一次听见一位成熟的女性说自己很美是什么时候？

绝大多数人当被陌生人问及自己的身高、体重、体形和肤色之类的话题时，他们更多地说的是他们的缺点而不是魅力。当我们遇见有人夸自己是多么有魅力的时候，多数情况下我们会认为他们虚荣、高傲自大和自负。

一个男性不是非得拥有完美的腹肌。事实上，不管男人、女人，过分地追求这些非必要的身材曲线会催生严重的心理问题。我们常听说有些人因为过度锻炼腹部肌肉而引发腹壁疝或背肌劳损。对"完美腹肌"的追求会很容易地刺激那些运动饮料和运动装备等诸如此类产品的销售。我们经常会在健美杂志和其他出版物里看到完美腹肌的照片，这成了一种趋势。这种趋势让人感觉不安，但是从某种层面上来说，它确实有足够的时尚感来吸引每一位读者。

70亿地球人中的绝大多数并没有苗条的身材或完美的腹肌，也不需要把自己弄得那么"极端"。

广告效应是无法估量的。企业创造高额利润是因为他们不断研究消费者对于自身美的不足所产生的不安全感；他们获得每年数十亿美元的销售额，是因为那些接二连三的广告宣传所鼓吹的扭曲的价值观是人类永远无法达到的。对我们来说，根本不会去讨论皮肤护理产品的有效性和治疗过程，直到我们确信这些产品能起到我们所预想的效果和价值。

不管是时尚、化妆品，还是整形外科手术，美容行业每年能产生近2000亿美元的产值。该行业的收益受制于人们的自我怀疑或对外观的不安全感，这使得该行业容易出现不法行为。大量的钱被投入到广告公司和广告企划人员身上，即便他们知道只有不到1%的人会消费。

另外，我们都知道，生命并非完美，甚至对那些符合现行完美标准的人这来说也一样。他们中少数人的照片整天被广告商在媒体上传播，不论是骨瘦如柴的女模特，还是不吃糖类、拥有六块腹肌的肌肉男，同样也备受各种精神问题的困扰，包括易饿症，更不用说他们为了获得完美"长相"所要忍受的压力、焦虑和竞争等代价。

当我们将现代营销技巧与正常和异常的求美心理相结合，以及将对科学的运用和滥用相结合时，我们就得出了一个美容品销售的机制，这一机制确实将我们中的大多数人洗脑了。通常，当我们尝试使用一种新的美容产品或美容治疗时，承认它实际上没有效果有点困难；相反，我们却总是将其归结于自身的问题，而不是质疑所使用的产品或治疗其实可能无效。当产品无效时，并不是因为你不经常使用，也不是因为每天使用的时间不正确，或者是没有和其他产品配合使用所致。这时你内心已经播下怀疑的种子，然后开始为自己的自我皮肤护理和正确的生活方式感到自责。此时这种单纯妆扮自我的乐趣便迷失在各种纠结和困惑中。市场营销人员则会用独特的眼光来审视这种行为。他们知道自责能转化成为购买力。反复地否定自我使得消费者一直深陷困惑。

男性开始逐渐关注皮肤健康

那些认为只有女性应该关注皮肤护理产品的观念是错误的。越来越多的男性开始认识到皮肤健康的重要性。事实上，来自西英格兰大学的一项研究显示超过 80% 的男性关注形体缺陷和不足之处 [1]。

男性同样也喜欢光滑而富有质感的肌肤。剃须刀的使用可以追溯到 18 世纪中叶，当时男人们每次剃须完都要小心翼翼地拆装剃须刀片。最终在 1895 年，一位英国商人金·坎普·吉列（King Camp Gillette）发明了一次性使用的双面剃须刀，在 1903 年他找到了一家工厂帮忙生产，很快就在包括美国在内的很多国家和地区大量销售并盈利。这算是 20 世纪第一个也是唯一一个在男性皮肤护理方面的革新。如今，仅仅在过去的 15 年间，除了基础的剃须产品，男性已经拥有琳琅满目的各类护肤用品，比如专门针对男性皮肤类型的防晒霜、保湿乳液以及有助于抵抗皱纹滋生的产品。

现在，越来越多的男性选择去健身房锻炼身体来获得良好的形体，那么为什么不也改善一下他们的皮肤状况呢？曾经专属女性的李维斯牛仔裤如今就像劳累工作一天后的一杯冰啤酒一样，男女皆宜。有关男性皮肤护理的广告如今随处可见，并深深吸引着男性消费者们的注意力。2005 年，一家倡导健康皮肤和头发护养的

---

1 University of the West of England press release, "Beer Belly Is Biggest Body Issue for Men" (January 6, 2012), http://info.uwe.ac.uk/news/uwenews/news.aspx?id=2178.

公司 GF 赞助 Hendrick Motorsports 车队车手布莱恩·韦克斯（Brian Vickers）驾驶石灰绿色赛车参赛。

2007 年，全球权威金融信息提供公司 Datamonitor 提供的调查报告显示，在当年全美销售的所有美容产品（包含皮肤护理产品）中有将近 20% 是面向男性消费者的。药房药柜中男性护理产品的上柜率与几年前的数据相比增加了近 4 倍。

我们如何反洗脑

我们都知道考古学家已经将 4000 年前的宗教礼仪和艺术拼凑到一起。我们也见识过那些远古祖先的美容文化，如阿兹克特人、埃及法老和波斯人等。他们的美甲、浓烈的眼妆和精致的珠宝无一不让人感叹美容产业从古至今的发展和进步。

我们可以想象我们的祖先劝说朋友们一起尝试使用一些黏土和有机染料进行化妆品的制作。如果心上人爱上了她是因为被她们迷人的外表吸引的话，那么这种产品就是成功的；反之亦然。营销是简单而真实的，结果也是明显而有价值的。

那种吸引和保持我们对爱人的冲动依旧是甜蜜而简单的。然而，现实生活中那些铺天盖地的广告信息不断冲击着我们的感官和理性，使得诸如买什么来取悦我们的爱人这类本该是自然而本能的事情变得复杂而混乱。

在美容行业中，我们不需要去阻止那些混乱的营销手段。我们有自己反洗脑的一套办法。这并非易事，我们将这个办法分成 5 个简单的步骤来介绍。

第一步：想想你自己因为广告而受到的负面影响有多少

我们的自尊心严重受到广告的影响。对于我们当中的一些人来说，这种影响意味着我们总有一种挥之不去的感觉：即我们认为有些关乎自己的事情永远都很好，也可能永远都不够好。其他一些人在阅读所谓的美容杂志时将深陷其中，无法自拔。他们会感到孤独和失落，仿佛他们没有找到爱或被性满足的机会。这将是一种精神崩溃，它可能导致饮食紊乱如厌食症和暴食症以及身体感知障碍如躯体变形障碍疾病（BDD）。无论是轻微的还是强大的，广告给我们的自我价值感造成了威胁。

下面有一个练习可以帮助你思考生活中那些无处不在的负面营销：

第一天，请有意识地记录一天当中看到的那些许诺还你一个"更好的你"的广告次数。每当看见减肥相关的电视广告时，看见公交车站或地铁站关于牙齿美白的广告时，看见一个睫毛膏或化妆品广告时，甚至看见手机中滚动播出的一个美容诊所或水疗中心的链接广告时，拿一个日记本或者卡片打勾记录下来。

第二天，换一张记录纸，并且记录一天当中每次被他人告知关于你自己的那些积极的事情。比如每次朋友称赞你的时候、每次透过镜子觉得自己发型不错的时候、每次有人挑逗你或向你微笑的时候，请记录下来。

第三天，比较第二天跟第一天以及第三天跟第二天"变得更好的"消息的数量，你就可以思考那些使满意度变得更高的方法，不管对你还是对其他人。

第二步：从永恒的健康中将美丽潮流分离出来

符合当前美学标准的都是随机的、任性的。无论目前的流行趋势是巨乳还是小乳，是婴儿肥的面容还是瘦削的臀部，是短发还是长发，胡子刮得很干净还是胡子拉碴等。时尚只出现在杂志中。在现实生活中，不论男女，我们很少见到有模特身材的。纵观历史，无论时间或地点，很少有人倡导那些看上去"理想"的社会形态。然而，从来没有接近过这个理想。我们中的大多数人设法寻找爱情并有了孩子，而对于那些没有收获爱情的人来说，相比于个人选择他会更少关注自身的外貌。

外观健康，换句话说，这种美是无须人工修饰的。健康和自信仍然是最吸引人的特质。充足的饮水和睡眠会让你的皮肤白净、双眸明亮，这对保持健康和充满活力非常重要。从情感上来说，越是自我认可的人，内心越无内疚、越自信。不论其身型美丑，他们都焕发出自然的光彩。我们每个人都有自身内在的本质和美丽，我们必须学会尊重它们。

第三步：化妆品行业的优秀销售员是重点

营销是一个复杂的过程。市场营销心理学及其他在我们生活中不断出现的形态，使整个美容行业看起来像一台巨大的蛇油销售机。但这其中并非都是阴暗面。行业内外严守诚信的人们均呼吁遏制这种对大众心理的阴险愚弄。

皮肤护理水平从未有过如此的进步。诸如生长因子、保湿乳液、防晒和防止有毒物质侵袭的防护措施都是积极有效的。然而，把实实在在的研究和炒作区分开是个难题。就目前而言，最好的办法就是利用互联网和关注一些诚信为本的大公司，他们有健全的研究和良好的试验，可在或长或短的时间内开发出对消费者或环境无害的有效产品。

在这一领域中，我脑海中想到的一个"好人"便是赫斯特·雷切尔贝克（Horst Rechelbacher）。作为"绿色"有机园艺的倡导者，从 20 世纪 70 年代开始逐渐形成自然产区；在他出访印度这个迷人的国度时，他发现了基于自然医学体系的阿育吠陀医学。他见识到了草药的神奇功效，继而在研究草药的材质、颜色以及气味时激发了他的创业激情。

一回到他的家乡明尼苏达州，他便研制了丁香洗发水。这款洗发水拥有漂亮的外包装，借助雅达化妆品销售平台进行销售。之后他以 300 亿美元的价钱卖给了雅诗兰黛。在其产品生产研发过程中，雷切尔贝克先生一直保持有机产品严格的生产标准，这使得即便是在生产过程中也能保持草药原本的高品质。他的迅速成功并没有借助炒作或其他不体面的行为。最终，雅达是最先倡导环保理念的化妆品企业之一，它依旧保持着良好的品质。其品牌的产品始终拥有忠实的追随者。

第四步：从行业需求看质量

美容行业能产生巨大经济效应的原因之一是消费者很少忠于一种特定的美容产品。也就是说，忠诚不是行业所获得的东西。有多少次你购买了一款治疗青春痘的产品后发现，使用后青春痘更红且皮肤干燥，看上去比使用前更糟糕？有多少次你为了避免中年老化而买了一款抗皱霜，却落得与自己青少年时代长满粉刺一样的记忆？当你看着自己的化妆柜，你能发现到底有多少瓶已经打开使用的美肤产品并没有产生像当初销售员给你保证的效果？到头来你可能会发现那些无效的产品都是同一家公司生产的。消费者往往会宽容之前的过错，其实他们应该有更高的质量要求。

产品质量会提高消费者对该类产品的忠诚度。在美容、护肤等重要的产业中，产品品质跟厂家设定的市场立足点同样应该被关注。

在本书第二章的介绍中，还记得哪里的女人们用火山灰和黏土制成她们的第一支眼线笔吗？若这种产品对她们没效果，那么聪颖的女性就会去自制此类美容用品。现在，为什么化妆品公司更容易成功？真正好的化妆产品将被口口相传。事实上，相比于化妆品代言人或者销售员的推荐，你的朋友或邻居们使用后的良好效果会让你更加信赖。在享受化妆品带来完美品质的同时，美容行业的大品牌都是以诚信、效果和信任为基础的，所有这些都会使顾客年复一年地消费，并和他们的朋友们分享，这就扩大了消费人群基数。

第五步：从理性反应中分离情绪反应

这是一个可悲的事实：很少有消费者去思考和调查他们所使用的产品，他们不了解那些有实实在在的测试和实验基础的产品，以及真正有科技含量和环保的生产，也就是说，他们不了解产品的科学性和保障性。你正在阅读这本书其实是一个信号，你不会被这个行业继续欺骗下去了。

我们通常在选择皮肤护理产品时会很情绪化。情绪压力和促销员的推销可以使事情升温并达成买卖。任何产品从设计到香气的选择都需要靠感性而不是理性。这些瓶瓶罐罐让我们能重温在婴儿时期体验的味道，如同春天或刚洗完衣物的清香、母乳或者婴儿奶粉的奶香。

通过学习让你如何应对这些营销方式，和通过学习有关皮肤护理的知识，使得当你在寻找供应商和技术人员时，你会形成一个属于自己的严格标准。在道德的约束下，供应商和技术人员应坚持为客户提供已通过验证的、可靠而科学的事实。他们也应该确保这些信息你可以完全理解。

在接下来的章节中，我将介绍一些现代皮肤护理产品和使用过程中最省心省钱的一些东西。

7

潜在的毒害和完美的安全

護肤品到底有什么作用

当我们用很理性的方式去询问护肤品到底起了什么作用时，常常得到的答案是护肤品完全没有什么作用。但有时也会得到这样的答案，即它们对皮肤有保护、保湿和保持弹性的作用。

后来我们发现，有些护肤品确实对我们皮肤有一定的好处，但具体是哪些好处，我们的护肤专家也说不清楚。

这其中的原因一方面是因为没有任何一个护肤品或护肤流程能够真的创造奇迹。同时人不是完美的，不能做到什么都知道。运用电脑技术来修饰那些杂志封面的照片，使其拥有美丽、发亮的皮肤是件很容易的事情。然而，在现实生活中想要获得这样一个完美的效果却是一件完全不同的事。

从一些有机的、能够安全使用的到由一些原材料由人工合成的能增强自身体质的产品中，我们都能发现有防冻剂。所以，不管化妆品来自于哪里或者如何制造的，它们都有同一个目的：即提升人的外在美。

因此，对于护肤品的使用有很大的疑惑就不足为奇了。如今，市场上护肤品的种类比我们的皮肤种类还要多。但这不要紧，如果你的皮肤是自然无瑕的，没有难看的丘疹及雀斑，这当然最好；但是如果你的面部皮肤是油性的，但四肢干燥，或者是这两种的任意组合，那么一些化妆品行业零售处的某些产品就能够帮助你，让你的外观和自我感觉变得更好。自我感觉良好就意味着好看一半了。

护肤产品安全吗

遗憾的是，在过去的七十多年里，我们一直拿着自己做试验。自商业广告的出现，世界各地的消费者纷纷涌向当地药店或美容院购买东西，如人工皮肤晒黑产品、滚动式除臭剂和预防蛀牙的牙膏。

化妆品和护肤品不应该对人们造成伤害。这是 FDA 监管这些产品的基本原则。由于没有相关的测试来确保这些产品所承诺的是否真实，他们只能通过测试以确保对使用这些产品的人是没有伤害的。

尽管联邦政府尽了最大努力来保护美国人，以免受到过度美容护理所导致的副作用，但我们仍然发现了一些对我们的健康有危害的成分，这是以我们的身体健康为代价的。

虽然不是每个人都会因为潜在的有毒成分而产生一些副作用，但是避免将那些可能包含有毒成分的任何东西涂在皮肤上会更加安全。悲剧的是，许多人没有想到这些护肤品与身体健康的关系，他们错误地认为在他们皮肤表面涂的任何东西都会很容易地被冲洗掉，但事实上，外用产品能渗透你的皮肤而被吸收到体内，最终到达循环系统和神经系统。毒素通过皮肤渗透的方式进入我们的身体里面是十分危险的。当我们吃下去或喝下去毒素时，我们的肾和肝可以帮助我们把它们滤过出来。而通过皮肤吸收的毒素，就没有那么容易被清除了。

长期使用某些化学物质，其中有超过 8 大类具有潜在的毒副作用。遗憾的是，当副作用开始出现时，其造成的伤害往往已来不及修复了。

需要避免的 8 种有毒成分

多种护肤品及化妆品中含有毒素，包括毛发用品、保湿剂、剃须产品、美黑霜、化妆品和牙科辅助器具。它不仅仅是成人产品中的罪魁祸首，还存在于儿童泡泡浴、洗发水、化妆品和洗衣产品中。地毯清洁剂、家用清洁剂和织物胶也都使用这些相同的化学物质。该受到指责的是厂家在推销他们的产品时，竟然说是纯天然的。以下是产品中所含有的前 8 种有毒成分：

1. 香料（fragrance）

香料是各类护肤品中的常用成分。其中使用最早和最普遍的是玫瑰水，它是一种自然的、来源于植物的产品。除了令人愉悦的气味，还具有鲜明的味道，使其成为一个在伊朗、阿拉伯、马来西亚、欧洲，甚至美国美食中非常受欢迎的成分。精油也由于其令人愉快的香味，以及被认为具有如舒缓和湿化皮肤的特性而经常使用。然而，仅仅因为这些产品都是"天然的"，并不能让人们完全放心使用。其中的一些香料会引起过敏反应，如众所周知的过敏性湿疹，有时也被称为特应性皮炎。该反应和那些由于在商业中经常接触化学工业或者使用家用清洁产品而发生的反应非常相似。因此，具有这种敏感性皮肤的人群需要使用无香味的产品。

有些人甚至无法忍受在同一个房间中的其他人使用香皂、洗液或发胶。所以，许多的设施场地，如学校、办公室、健身俱乐部和瑜伽工作室都设立了无香水条例。

2. 咪唑烷基脲（imidazolidinyl urea）和重氮烷基脲（diazolidinyl urea）

你可能已经注意到，在你的浴室柜中那些没有使用过的产品，并没有腐败变质或者老化。这是因为使用了化学防腐剂，可以无限期延长化妆品和护肤品的使用期限。

咪唑烷基脲和重氮烷基脲是两种在皮肤护理产品和其他化妆品中使用的廉价防腐剂。这些化学物质会缓慢地释放出有机化合物甲醛。2011年6月，美国《国家毒物学计划》最终承认甲醛对人体有致癌作用[1]。甲醛常用于制造某些类型的胶、抗褶皱的织物、汽车、涂料和炸药。并且，数以百万计的人通过局部应用护肤品而将其摄入到了体内。

3. 矿物油（mineral oil）、婴儿油（baby oil）和凡士林（petroleum jelly）

矿物油是石油最便宜的提取物之一，这就是为什么它在护肤品中的使用是如此广受欢迎。处理矿物油（是一种在炼油过程中产生的副产品）的成本要比将其用于护肤品中的成本花费更高。这就给了我们很大的一个提示，即我们不应该在我们的皮肤上使用这些东西。让我们举个实际的例子，如果你递给别人一瓶从五金店买的矿物油，并且告诉他们用在皮肤上是安全的，因为其也用来润滑割草发动机，那么即使它已经经过蒸馏或提炼，相信大多数人还是会质疑它的实际效果。

护肤品的制造商们常使用矿物油的其他名字来进行伪装，这些伪装包括婴儿油、凡士林、液体皂和石油洗剂等。所有这些名字听起来都足够安全，甚至一些知名品牌已经得到信任，因为它们在我们的生活中已经存在了很长时间。然而，自从精馏技术的出现，护肤品制造商发现矿物油可以作为一种廉价的成分，并且不会过期。但事实上，这些矿物油可能会堵塞人体的毛孔，并阻止毒素释放，使它们

1U.S. Department of Health and Human Services, Public Health Service, National Toxicology Program,"Report on Carcinogens:12th Edition,"(June 2011),http://ntp.niehs.nih.gov/ntp/roc/twelfth/roc12.pdf

残留在我们的体内。这些毒素在被运送到肠道之前先在肝里分解。就这样，它们吸收重要的营养物质，这不仅会导致营养不良，而且会抑制免疫系统，导致潜在的致命疾病如肺炎。

4. 对羟基苯甲酸酯（parabens)

对羟基苯甲酸酯是在皮肤护理行业中使用最广泛的化学防腐剂。和咪唑烷基脲和重氮烷基脲一样，对羟基苯甲酸酯也是一种致癌物质。当使用了很长时间后，其能够模拟女性荷尔蒙雌激素，这让它们成了一个双重威胁。这可能会导致乳腺癌的发生，而且在一些曝光案例中，它能够使少女青春期提前到来。

具有讽刺意味的是，使用对羟基苯甲酸酯作为防腐剂，可以破坏抗衰老面霜中的活性成分。因为对羟基苯甲酸酯一旦与紫外线发生反应，它们就会加速皮肤光老化，导致皮肤变老。对羟基苯甲酸酯不但没有预防皮肤性状老化，如皱纹和老年斑，反而肆虐攻击人类的 DNA。那些对对羟基苯甲酸酯过敏的人使用含有这些化学品的护肤品是最有可能遭受风险的。另外，对羟基苯甲酸酯还可能会引起酒渣鼻、皮炎以及其他类型的皮肤反应。

在护肤品成分中，对羟基苯甲酸酯以对羟基苯甲酸甲酯的形式最常见，其他很多化学物也可能是由对羟基苯甲酸酯组合而成。

5. 丙二醇（propylene glycol，PG）

丙二醇是另一种在家用产品中经常使用的石油化工品。它是在婴儿湿巾、眼部卸妆产品以及其他日用品和化妆品中发现的。你会相信它也存在于防冻液中吗？

像凡士林或矿物油一样，丙二醇也是从原油中提炼出来的。你的护肤品标签上的配料表可能不包含丙二醇，但它可显示为"PG"而加在一种植物名称的后面。PG甚至被发现在推销的过程中打上了"有机"的标签。虽然尚未发现其与癌症有关系，但是当它作为喷雾剂或其他"雾"型护肤品使用时，如果使用不当，可引起视力和呼吸系统的损害。

6. 硫酸盐 (sulfates)

硫酸盐在护肤品的成分中也可被列为SLS（十二烷基硫酸钠）或ALS（月桂铵硫酸盐）。另外，硫酸盐在我们洗汽车和发动机去油的产品中也可见到。硫酸盐最初是从椰子中分离提取的，并被用作发泡剂。考虑到它是来源于椰子，因此常认为它是一个"天然"的产品。但它确实安全吗？不！如同这里列出的其他有害化学物质一样，它价格低廉，因此被制造商广泛应用于护肤和化妆产品中，包括皮肤清洁剂、肥皂、洗发水、牙膏、漱口剂、餐具洗涤剂和其他家居清洁用品中。这些产品可能与你的皮肤亲密接触，你甚至可能每天都会接触到多达八九种含有硫酸盐的产品。

因为是脱脂剂，SLS能够去除那些保护你皮肤健康的油性物质，这更加导致你皮肤干燥，易发生过敏性反应，甚至易受到环境污染。SLS还模拟雌激素。雌激素是一种主要由卵巢分泌，主要促进女性性特征发育和维持的类固醇激素，而SLS的模拟作用可能导致其与女性的伪更年期和女性器官癌症等问题有关。而如果男性长期接触这种化学物质，可导致其生育率降低。

7. 合成色素

合成色素包括非指甲花染发剂，通常在成分标签中标记为D & C或FD & C后跟一个数字和一种颜色。在国际化产品中，染料可能只是标记为字母C并在其后面加一个颜色和编号标注。它们无处不在。在化妆品中，黄色6和红色 4 比较常见，但许多的加工食品中也常包含如 FD & C 红色 40 或 FD & C 蓝色 2 等成分。合成色素的主要问题是它们是来源于蒸馏煤过程所产生的化合物。它们不仅见于护肤品和食品中，农药中也存在。

已发现从煤焦油中衍生的色素会导致小鼠癌症和人类过敏反应的发生。这其中最糟糕的是，制造这些色素的过程所产生的染料污物严重污染了世界各地的河流。由于摄入体内后会影响我们的皮肤健康，所以我们避免吃含有合成色素的食物或者使用含有合成色素的护肤、护发产品是一个明智之举。

8. 三乙醇胺（triethanolamine）

三乙醇胺是通过剧毒物质环氧乙烷结合氨发生反应所产生的。它广泛使用于个人护理用品中，包括化妆品、香水、美发产品、剃须产品和防晒霜。然而，美国 FDA 已批准它们可以作为短暂、偶尔的使用，只是之后要进行充分的冲洗。同时，如果打算长时间在皮肤上使用这种产品，这种产品的成分浓度不能超过 5%。

严格限制的原因是它对皮肤以及免疫和呼吸系统的潜在毒性。研究表明，三乙醇胺能引起某些动物的嘴唇、眼和口周围的细胞变异并导致膀胱癌和肝癌的发生。它还可以引起睾丸畸形。引起的过敏反应包括瘙痒、烧灼感、视力减退、头皮干燥、皮肤干燥或鳞状皮肤、荨麻疹、水疱。三乙醇胺的浓度越高，自身出现的症状就越多。如果你出现了任何这些症状，应该考虑你对所使用的护肤品或其他美容产品发生了反应。

❀ 如何保护自己 ❀

作为一个消费者，你最好要仔细查看商品标签，检查是否有潜在的有毒成分。仔细检查你的护肤品和其他美容产品，如发现上述的有毒成分应作为一个警告标志。一些有信誉的地方和网上零售商可以提供有机、绿色或其他对皮肤无害的生态产品，这些产品即使你长期使用也不会对身体造成损害。有两个不错的选择是本地的农贸市场和电子商务网站如 Etsy，在这里一些小的商家会把他们的商品出售给世界各地的消费者们。

检查护肤品成分标签

根据潜在的有毒成分列表，决定哪些是你最需要避免的。如果你的祖母一直使用凡士林活了 100 岁，而且看起来不超过 75 岁，你可以把这个产品当做你的皮肤护理方案的一部分。反之，如果你有乳腺癌、卵巢癌或其他器官癌症的家族史，你就不要接触对羟基苯甲酸酯或硫酸盐这些类型的化学物质。

一旦你已经确定你的重点，可以通过查看你使用最多的 3 个护肤品的成分列表来检查它们是否含有潜在的有毒物质。如果你发现含有有毒物质，你可以决定：a. 立即全部丢弃；b. 减少对它们的使用；c. 继续使用它们，即使它们被用完了也不更换。你会去寻找一个不含有毒成分的替代产品吗？对此，你会做出怎样的选择？对于决定如何护理好你的皮肤，获取信息只是做了一半。根据这些信息来决定如何做才是真正地保护好自己。

身体的变化决定皮肤的变化

越来越多的人正转向关注有机食品，包括生的食品或其他不含如大豆、谷蛋白、鸡蛋、奶制品及其他常见食物过敏原等成分的食品。因为我们涂在皮肤上的任何东西都会被吸收到我们的身体内，这就意味着我们还必须知道用什么来进行皮肤护理。

作为人体最大的器官，皮肤与我们的健康息息相关，这取决于你如何去护理它。大多数人不知道的是，其实在他们的家中就有很多绝对安全的护肤品。他们太常见了，如果你有任何过敏问题的话，你早就已经了解了。如果你吃下某些食物，而你的免疫系统无法耐受，恐怕你的皮肤也无法耐受。下面的多数安全护肤品一般不会在浴室储藏室或药箱中被发现，而是在厨房储藏室或冰箱中就能找到。

7 种厨房里的安全和有效的护肤帮手

1. 草莓

举个例子，草莓。有些人对它过敏，但对于大多数人来说，它是维生素 C 和膳食纤维的良好来源。把它切成两半，然后擦在皮肤上，它会打开毛孔，但不会引起毛孔扩张。这种夏季水果是一种美味的小吃，同时还能天然地美白牙齿；你甚至可以尝试用切成一半的草莓来摩擦牙齿。然而，草莓的酸性也会导致你的牙齿受到侵蚀，所以要先等你口中的唾液中和掉这种酸后再刷牙漱口。

2. 柠檬

如此多的家用清洁剂使用柠檬皮和果汁的理由之一是，这种柑橘类水果是一种天然的消毒剂，并且能清除强烈的气味。当它作为一个自制的化妆产品来使用时，它能清除掉皮肤上的污物而不会去除那些油性物质，这些油性物质有助于保护我们的身体免受不必要的环境毒素的侵害。

3. 海盐

海盐和水果一样对我们的皮肤有益。将海盐擦在干燥的皮肤上能缓解皮肤干燥、脱皮等；加入洗澡水或洗脚水中使用，有助于舒缓肌肉酸痛、缓解压力。

4. 咖啡

强烈推荐用咖啡来给皮肤去角质化。咖啡渣能够温和地去除角质并可以减轻水肿。事实上，咖啡中还含有维生素 E、镁以及具有抗菌作用等好处。

5. 麦片

建议用燕麦来帮助缓解干燥肌肤、舒缓因毒藤和水痘等造成的瘙痒。燕麦中的天然化学成分能滋润肌肤，当它和牛奶、红糖混合后，不仅是一个更健康的护肤产品，还可以食用，即使儿童和宠物不小心喝了之后也不会造成什么伤害。像咖啡一样，红糖也是一种天然的去角质产品，可以打开毛孔、清洁皮肤。你也可以将它与一些燕麦、椰子油或橄榄油和柠檬汁混合来制作面膜，能使你的皮肤变得柔软而又焕发光彩。

6. 橄榄油

橄榄油被二次利用于化妆品行业中可追溯到古罗马时代。相比于以前，现在有更多的人会遭受到一些过敏问题，因此选用橄榄油这种成分是一个明智的选择，因为橄榄油不仅生态友好，而且不会造成什么过敏反应。

7. 蜂蜡

蜂蜡是另一种可滋润皮肤的绿色、不致敏化妆品。全球两家著名的蜂蜡类化妆品公司是 Aunt Bee 和 Burt's Bees。一些网站如 Etsy，是一个在线交流区，一些手工艺者可在线购买或出售纯手工或老式产品，一些个体企业家也能在上面提供一系列的天然化妆品如蜂蜡。

真正有价值的是厨房中的食物，而不是柜台里的化妆品

我们有足够的便利从食品杂货店中选择一些项目来尝试进行良好的皮肤护理。世界各地的人们都使用过源于花园和农场的自然恩赐来护理自己的皮肤，使用类似的植物来满足自己的身体需求。

尽管现代皮肤护理中运用了大量的科学与技术，但是，在化妆品行业中必须要负责任地、道德地使用它们。当你审视自己的护肤品清单时，你可能已经注意到，产品的价格与其成分的质量没有一个必然的联系。例如，大商场里化妆品专柜价值 80 美元的面霜可能与路边折扣店里 8 美元的面霜中丙二醇的含量完全相同。

健康的皮肤护理并不专属于富人。如果你担心在你的价格承受范围内不能找到一种不含潜在毒性成分的产品，那就不要买任何东西。如果你对护肤品的安全性心存疑问，或者担心长期使用会对健康产生影响，最好的解决方案就是从食物中寻找好的护肤帮手。

8
医学护肤品和营养护肤品

化妆品和药品如何你追我赶

在某种意义上，功效性护肤品（cosmeceuticals，也就是医学护肤品）和营养护肤品（nutricosmetics）是化妆品行业和医药行业紧密联系的两种方式。与化妆品行业必须要做的事情一样，我们也必须对市场营销中使用的专业术语作出科学的解释。

让我们先从几个简单的定义开始。不难看出，医学护肤品这一术语源于化妆品与药品的结合。这类产品和化妆品一样，其主要特征是作用于局部、涂抹在皮肤上的一类产品。而它们至关重要的区别在于医学护肤品能够恢复皮肤的生理结构。

营养护肤品通常可以单独使用，也可以结合医学护肤品一起使用。营养护肤品大多是对抗衰老的维生素片或者液体，它们声称其中的天然成分如 β - 胡萝卜素和鞣酸可以防止皱纹形成。

与其他护肤品一样，所有的医学护肤品及美容保健产品均需进行安全测试，但在美国，没有专业的机构来确保安全测试严格按照生产商所承诺的那样进行。因此，无论生产商承诺的测试、实验结果多么完美，他们的承诺缺乏支撑。他们的测试缺乏来自无利益冲突的第三方机构的监控。没有为消费者设立的社会服务性质的机构来监控商家的虚假广告，FDA 更不可能对他们进行审查。到目前为止，没有任何医学护肤品与营养护肤品依据《联邦食品、药品和化妆品法案》接受审查。医学护肤品和营养护肤品这两个名词甚至都不在法案的词典里。

优点与弱点

具有讽刺意味的是，正是在这个监管的无人地带，我们找到了护肤品行业面临的最大困境的来源，也看到了制造真正有效的护肤品的希望。让我们通过一系列医学护肤品和营养护肤品的优点来看看存在的弱点。记住，似乎矛盾的信息往往是真理的来源。第一个矛盾就是：使用绿色营销——有机化合物和其他植物萃取类。

优点：绿色营销

我们热爱大自然。天然植物萃取物从出现开始就被应用于药品和美容治疗。

有些植物治疗确实能够短暂地软化皮肤或者滋润皮肤。研究人员分析了大量与天然植物成分密切相关的皮肤治疗，所得到的结果几乎一致：这些名字动听的萃取物如提取香茅醇、月见草、野生山药的确可以润滑皮肤，并且形成一层植物屏障，隔离众多空气中的有毒颗粒物和挥发性有机化合物，短暂地保护肌肤。它们中还有一些成分能够在皮肤表面形成一层抵挡紫外线的屏障。

我们对天然植物萃取药物实际作用的理解仍然不够深刻，许多理解都处在初级阶段。我们知道，虽然一些纯天然的植物和矿物质作为配方已经使用了几千年，但目前的研究深度仍受限于光谱仪和电子显微镜的应用。随着研究的进展，专业的实验室技术人员将投身于更深入的科学研究中，大自然的宝库中可能会有更伟大的发现。

弱点：绿色营销

植物产品可以润滑、滋润、软化和帮助保护皮肤，但并不意味着能改善皮肤质地。

医学护肤品中的有机成分被广泛宣传。营销人员试图在我们的心中建立巨大的期望值。医学护肤品的原料很广泛，包括已知的一些偏方，如芦荟、小苏打、苹果醋，以及如乳香和八角茴香这种奇特的混合物。像这样的原料还有欧刺柏果提取物、酸刺柏、秘鲁香脂、琼崖海棠油、甜罗勒、椰子油、杏仁、蜂蜡、黄芪、月桂叶、鳄梨油、茶树油和葡萄籽萃取物。似乎任何园丁都有可能成为化妆品化学家。

在第 7 章，我推荐用草莓和蜂蜡作为家用护肤的辅助措施，这些是众所周知和常见的成分。如果你对这些成分过敏，你会早有察觉。我们尚没有对琼崖海棠油或黄芪过敏的独特处理经验。我们大多数人对天然的成分过敏。我们都知道毒葛对皮肤有害。即使是温和的收敛剂，如薄荷油，它几乎普遍使用，但也会对某些特殊人群的皮肤产生不良影响。

警示

不要幻想标有绿色、有机食品、纯天然标志的产品会比其他产品更有利于你的皮肤。在某些情况下，正如我们在先前的章节里提到的，与其采用含有潜在有毒防腐剂尼泊金的鳄梨油治疗，不如用自己冰箱里的鳄梨捣碎做面膜。

优点：科学发现及应用

目前，所有用于揭示基因代码和癌细胞行为的发现都有可能帮助我们发现有效的皮肤护理方法。对于皮肤再生，有关生长因子的研究工作是最有前景的。

许多杰出的科学家、医学研究者、化学家、遗传学家等会将产品推向市场，并很快成为美国的潮流。这些人拥有新技术的专业知识，并能给我们所有人带来梦寐以求的结果，但在市场竞争环境下，营销团队不能公开宣扬这些商业机密。

弱点：小供应商不能告诉你真正起作用的是什么

关于医学护肤品功效成分的宣传是被严格限制的，植物提取物、化合物以及制剂中成分的疗效是被禁止宣传的。供应商不能宣称他们的产品能够渗透皮肤进入身体内。他们不能说他们的新产品能够提供给消费者如药物一般的作用，或者说他们的产品是灵丹妙药。所有这些特殊成分配在一起，而不管它们是有效还是无效的。

即使医生、化学家或遗传学家根据他的研究结果发明了可以改变你皮肤的产品，他也不能作出任何有效的承诺或告诉你它的作用机制。除非是 FDA 批准的药物，FDA 不允许厂商做任何承诺。FDA 药品注册是一个漫长而昂贵的过程——列入的成本高达 8.5 亿美元，而且这个过程需要 10 年的时间——普通的商人永远不可能负担得起。大型制药公司要富有得多，这些钱对他们来说只是沧海一粟，他们每年给说客支付大笔钱财，从而掌握大量对他们有利的信息。

警示

如果某个产品真的管用的话，它可能也不会告诉你管用。过去10 年的趋势是医学护肤品公司完全避免 FDA 认证。其在标签和广告中会改变措辞方式。在产品的标签和广告上总是使用模糊的术语，如"有助于"和悦耳、时髦的名字，只暗示产品功能，而不是做出一个有导向性的断言。例如，模糊的术语"长睫毛"并不直接声称产品绝对会使睫毛变长、变浓密，但术语中传达的温暖和模糊的感觉暗示了会有这种效果。

记得科学史上的这些伟人吗？居里、爱迪生、福特和巴斯德，他们的伟大思想曾使我们受益，而没有受到企业的捆绑束缚。如果他们曾受到束缚的话，可能永远不会带来惊人的发现和真相。

我们可能会错过皮肤护理的下一个伟大的创新，除非消费者找到它们并谈论这些发现。

如何发现有效的产品

有的产品可以改善你的皮肤外观，减少发红、填平皱纹并消除色斑。那些研发者不能告诉你他们的产品真正作用在哪里并不代表你找不到它们。以下将为你提供一些建议：

1. 找一个你信任的护肤合作伙伴

你的皮肤科医生或初级医疗服务提供者应该让就诊者随时能在候诊室看到护肤的最新进展。当你接受检查的时候，你应该询问医生是否已经从会议或者期刊上了解过这些最新进展。如果每年度医生在为你进行检查时没有提及你的护肤难点，你应该自己适当地提出来。

2. 跟你的朋友、亲人和熟人中那些皮肤变好的人讨教经验

"她皮肤真好"，听到这样的称赞是一件令人愉悦的事情。但一个人不可能一直拥有很棒的皮肤。我们经常可以看到那些满脸粉刺的人皮肤得到了改善。我们也经常看到别人的瘢痕消退，皮疹消除，泛红区得到镇静。如果你也有相同的症状，可以试着私下询问那些症状得到改善的人，寻求他们的建议。虽然近几年来谈论美容治疗带来的羞耻感减少了许多，但很少有治疗成功的人们会宣扬他们的成功。与此同时，在通常情况下，没人愿意看到别人受苦。所以，如果你看到别人获得了成功，那么就去请教他们是怎样做到的。

3. 痛惜失败和宣扬成功

护肤是一项消费者找到效果满意的护肤品的实验。当新的抗皱眼霜让你长痘时，你会告诉朋友们，以免他们浪费金钱。当你发现一款去红而又让你看上去更年轻的产品时，你也会告诉朋友们，让他们去购买。虽然拥有"美容秘诀"的神秘感非常吸引人，但如果没有口碑的支持，小型企业

终将倒闭，而且每个人都无法得到真正有效的产品 。

近年来，美容杂志和博客已经发布了许多产品评论，但这些并没有为小型厂商的新产品提供支持。时尚杂志多依赖大型化妆品公司的广告收入；博客博主则常依赖于他们对产品的评论，或为读者提供"免费产品"活动，以及其他推销他们博客的营销活动来获得报酬。

4. 寻找专家的意见以及依据

当你在寻找解决你皮肤特定问题的护肤品时，你应该去咨询真正的专家。专家如果制造了一个产品，他应该为他的产品获取相关证书。背景和学历仅仅只是判断真正专家的一个线索。产品使用者的照片和推荐书也有意义。此外，产品背后应该有相关医学和（或）科学期刊授权的或者制造者作为共同执笔人的出版物或链接。

5. 记录你自己的观察

化妆品行业所吹捧的大部分不是科学研究，而是市场研究。举个例子，当推出一个新系列的眼霜时，厂商会联系年龄在 35 ~ 55 岁的使用眼霜的女性，并给她们试用。6 周后，在使用这个产品后，她们会填写关于这个产品的调查问卷，说明她们的使用感受以及她们对产品功效的总体印象。随后，电视广告和印刷广告可能会声称：113 名女性中有 83 人在使用后有"明显的改善"，而具体的改善部位以及怎样的改善从不会被报道。

市场调查可能会面对几个挑战。随着数码相机的出现，消费者为自己做"自我测试"变得再容易不过。仅仅需要消费者自己从使用新产品第一天起为自己拍张照片，并在同一个房间及照明条件下重复这个工作。如果有明显的改进，当你把自己第 30 天的照片与第一天相比时，你应该能够看到那些变化并能准确地描述它们。

底线

医学护肤品的底线是大众无法获得准确的产品信息。照顾好自己是一件很奇妙的事，可能会提高你的生活质量，也可能会产生一些经济问题，也可能实现你的个人价值。当我们不能依靠政府机构来保护我们，或化妆品公司告诉我们真相，或媒体给我们事实的时候，我们必须自己进行调查并与他人分享我们的发现。在这个过程中，我们会成为见多识广的消费者，也会成为关怀的群体。

9
美学与医学

❀ 新的美容项目 ❀

毫无疑问，大家一直在质疑护肤产品的成分是否有效。但是，从来没有人质疑那些护肤项目是否存在问题。目前一些新的美容项目如果操作得当，确实可以在一定程度上给皮肤带来实质性的改变。

如今，塑形减脂及逆转衰老相关的美容项目已经成为主流，越来越受到大众的追捧，已经不再是鸡尾酒会上耳鬓厮磨的秘密了。这个开放的新时代对于美容项目的包容及接受度已经创造了一种新的文化，而这种文化促使我们积极解决令我们不安的外表问题。

与传统医疗行业相比，医疗美容更倾向于作为一种健康服务，而不是一种保持身体健康的手段。人们通常因为毛发增多、下肢静脉曲张、薄唇、鱼尾纹，以及其他不明显的衰老现象等感到困扰，而去寻求医学专家的帮助。这些专家的研究方向称为医疗美容，不管是激光去除文身还是非手术吸脂，美容医生会根据患者的不同需求选择侵入式或非侵入式治疗。医疗美容最主要的特点是大部分患者选择的美容项目并不会危及生命安全，与那些被灾难，如火灾受伤毁容的患者相比较而言，这些患者有不同程度的选择空间。

2006 年，国际美容医师协会（International Association for Physicians in Aesthetic Medicine，IAPAM）成立，致力于团结全球美容医师。其医疗咨询委员会是由专业的美容医师包括皮肤科医师组成，而管理委员会是与市场相关的行业专家组成。国际美容医师协会的目标主要是指导临床治疗，包括激光脱毛、肉毒杆菌毒素及其他美容产品注射、化学换肤等嫩肤治疗、脂肪抽吸等体重管理治疗。不管是对于目前正从事医疗美容的医师，还是计划从事这个行业的医师，能与协会成员一起共事并且能获得最前沿的信息资源是非常有益的。国际美容医师协会也为美容医师提供保障，解决他们的疑虑。

因为医疗美容行业拥有许多高科技手段，例如激光、肉毒杆菌毒素、胶原填充剂等，而且这些治疗都比较容易被接受，很多患者将医疗美容当成延缓皮肤衰老的一种方法，为了解决及预防皮肤老化而寻求美容医师的帮助。有些患者甚至能在很短的时间内完成这些治疗，不会耽误患者的工作及生活。整形外科的治疗大多是侵入性的、价格昂贵且需要很长的恢复期，医疗美容因为创伤小、恢复快，成为那些需要微整形患者的不错选择。

美国很多地区都要求美容治疗必须由专业医师或有资质的医师助理在有资质医师的指导下进行。这一点很重要，美国美容医学学会（American Academy of Aesthetic Medicine，AAAM）保证美容治疗的每一个医师具有相应的资质。学会接受所有医生的申请，包括足科医师（podiatrists）、肛肠科医师（proctologists）和其他具有临床执业资格的医师。

对于患者来讲，确认为你进行治疗的医师是否具有医疗美容资质是非常必要的。专业的美容医师进行美容手术的费用比普通医师的费用昂贵。护肤产品的效果是非常短暂的，但是医疗美容却是行之有效的。医疗美容往往很受欢迎，因为它是建立在可靠的医学理论知识之上，展示出显著的效果，并且治疗过程耗时很短。

此外，患者通常会给予美容医师更高的报酬，并且常常是在治疗过程中以现金的方式给予。这项工作相对比较宽松，由于商业公司不断为美容医师开发新产品，所以相对于其他专业医师来讲，美容医师花费的时间也会少一些。

在所有专科医师中，皮肤科医师是最适合提供美容服务的。因为毫无疑问，皮肤科医师已经能够熟练处理皮肤问题，能够成为为患者除皱、祛斑及其他更具侵入性的治疗的首要人选。许多从事医疗美容的皮肤科医师能够执行一些干预性的治疗，使遭受阳光损害和其他皮肤病的人看起来更年轻、更健康。

美容项目

医疗美容项目主要包括激光治疗和胶原蛋白注射，有助于逆转衰老，缓解日晒、吸烟等不健康生活导致的皮肤问题。美容治疗过程比较短暂，甚至在午餐时间就能进行操作，并且不需要使用麻醉剂。治疗过程也不会让患者有不适感，并且恢复迅速。

医疗美容项目包括手术和非手术治疗。2009 年，美国美容整形外科医师协会（American Society for Aesthetic Plastic Surgery，ASAPS）统计的报告表明：在 2009 年，仅为了美容目的就进行的治疗就达到了几乎 1000 万次。在这些治疗中，近 85% 为非手术治疗。自 1997 年以来，医疗美容的治疗数量增加了 147%[1]。最受欢迎的非手术医疗美容项目包括：

肉毒杆菌毒素注射

20 世纪 80 年代后期，美国和加拿大开展了对肉毒杆菌毒素的初步研究，并首次应用在了皱纹的治疗中。虽然治疗机制与肉毒杆菌毒素的毒性相关，但该治疗对于消除皱纹和其他与老化有关的细纹，效果是非常显著的。在欧洲，它还用于治疗肌肉疼痛。

---

1 The American Society for Aesthetic Plastic Surgery (ASAPS), "Quick Facts: Highlights of the ASAPS 2009 Statistics on Cosmetic Surgery" (2009), www. surgery.org/sites/default/files/2009quickfacts.pdf.

透明质酸注射

透明质酸注射最开始用于治疗膝关节骨性关节炎，但后来发现，当透明质酸注射到嘴唇、鼻唇沟或眼周时，它可以消除皱纹、填充痤疮及皮肤创伤等引起的瘢痕。它甚至可以抚平表浅的凹陷。

化学换肤

化学换肤也称为化学剥脱术、皮肤剥脱术，它是将一种化学溶液涂抹到皮肤上使其剥脱。当表层剥落后，新生的皮肤会更平滑、有光泽，看起来比以前年轻。但治疗后，新生皮肤对日晒更敏感，更容易受到紫外线的伤害。强烈建议人们进行该治疗后要加强对皮肤的保护，以避免皮肤损伤。

激光脱毛

20 世纪 70 年代，激光首次用来去除多余的头发。在当时，为了去除多余毛发，大多数人至少需要 7 次治疗，每次治疗间隔 3 ~ 8 周的时间，因为在这期间毛发可以自行脱落。激光脱毛也用于治疗毛发向内生长和与其相关的某些囊肿。

静脉治疗

蜘蛛状静脉是随着年龄的增长在腿部出现的红色和紫色的血管。与静脉曲张的肿胀、疼痛不同，蜘蛛状静脉是很表浅的。常用的治疗包括注射及进行血管刺激。治疗后会形成瘢痕并逐渐消失。注射最常用的溶液是一种浓生理盐水。需要指出的是，该治疗不能去除蜘蛛状静脉，但会使它们不太明显。

埋线提升

埋线提升由于其起效迅速，无须手术或麻醉而被好莱坞称为"午餐整容"。在 30 分钟时间内，医生将非常细的缝合线埋入皮下，从而拉紧下垂的区域，全程没有任何切口。患者治疗后即拥有紧致的额头、颧部、下巴。治疗后也只需要简单的调养，如冷敷、口服抗生素。

脂肪抽吸或脂肪整形

脂肪抽吸从字面上理解就是把脂肪从皮肤下面吸出来。一次吸脂量过大有潜在的副作用，包括皮肤松弛和凹陷。可以通过多次、少量的方式来避免这些副作用，慢慢地达到预期的效果。脂肪抽吸后恢复时间可以短到几天或几周。然而，脂肪抽吸手术可引起青紫、肿胀或瘢痕，这可能会促使患者寻求其他美容治疗来解决脂肪抽吸所带来的这些问题。

医疗美容的优势

医疗美容是最能改变生活的经历之一。无论是因为虚荣心，如去除痣或胎记；或提高一个人的自信心，如手术修复腭裂或唇裂，风险都是一样的。一个人想要采取一些方式来改变他们的容貌是没有错的，只要他们有一个健康的人生观。那些对于自己内在不满足的人，不管他们的身体变得多么有吸引力，他们也不会满足于医疗美容带给他们的影响。医疗美容的优势也包括一种对于改变的幸福感。这种幸福感可能会促使人们寻求更健康的生活方式、作出更健康的选择。医疗美容的其他优势就是我们所称的"标签外使用"（off-label），意思是我们现在所使用的某些治疗并不是说明书中原来的用途。例如，肉毒杆菌毒素最开始是用于治疗卒中、脑瘫儿童以及那些患有偏头痛或多汗症的人，而不是用于除皱。

医疗美容的不足

遗憾的是，医疗美容也有其不足之处。有些人只是想让自己看上去感觉好一些，而不去解决他们内在的问题，最终会带来严重的后果。一些常见的副作用和风险尤其多见于整形手术，包括感染、出血、神经损伤、皮肤坏死、水肿、疼痛、淤青等。最严重的副作用是血栓，如果不及时治疗，会导致死亡。另外，在经济方面，人们必须在维持日常基本需求的同时，能够支付这些昂贵的治疗。忽视心理和经济状况会使我们盲目追求理想容貌，这会导致极端的审美，最终使患者看起来毁容或不现实。

医疗美容的未来

医疗美容行业正处于快速增长时期。人们如果对于自己的容貌满意了，那么他们面对生活将会更有信心。容貌有时能让一个人感到快乐，有时甚至可以治愈害羞、自卑等心理疾病。这与只是为了保持自己的容貌而带来的锋芒毕露的自负不同。

皮肤磨削、脂肪冷冻等许多治疗技术正在飞速发展。在 21 世纪之前，很多新技术是普通人闻所未闻的。令人惊讶的是，医疗美容飞速发展，医疗美容市场甚至出现供不应求的趋势。从全球范围看，解决亚洲人肌肤色素性疾病以及缓解皮肤衰老正在飞速发展。激光和声波治疗已相当成熟，基于这些技术的新型治疗将被不断开发。

未来，最有价值的突破将来自于我们对身体的遗传结构和对干细胞的研究。我们已经感受到了这些研究应用于局部治疗给我们带来的巨大惊喜，例如利用生长因子修复皮肤。

10

激光与光子治疗的局限性

专业与设备

目前有很多人涉足皮肤护理这一领域。其中有很专业的皮肤科医师，他们先要完成严格的学校教育，然后训练有素，才能从事皮肤治疗的相关工作。还有一些是美容师，他们在美容会所中操作美黑床和其他类型的设备。然而，用于皮肤美容治疗的设备比涉足皮肤护理人员的种类还要繁杂多样。

皮肤治疗设备有各种形式、形状及型号。作为一个患者，当被从一个皮肤治疗场所的等待区带到治疗区后，他最先注意到的就是琳琅满目的治疗设备。这些设备都是那些医师、技术人员或者其他人员在皮肤治疗过程中将会用到的工具。

随着臭氧层的逐渐变薄，人们普遍暴露于强烈的太阳辐射下，这使得对从事皮肤癌和去除皱纹等治疗的专业人员的需求也越来越大。自然而然，随着这些从业人员及医疗机构的快速增长，他们所使用的设备也随之大量增长。

涉及皮肤治疗的医疗设备有多种，包括激光、射频、光疗等。

就像你在前面的章节中读到的一样，这个市场的发展永远不会停步。皮肤对于我们来说是如此重要，它使我们在碰到心理应激事件时变得脆弱；像是我们身披"盔甲"上的弱点，它削弱了我们在面对强势推销时保护自己的能力。对于一些不明智的客户，许多此类设备允诺将改善他们的皮肤，然而事实上它们所起到的作用大部分仅仅只是临时性的改善而已。绝大多数所谓的"美颜设备"对患者的皮肤弊大于利。

❀ 激光的真相 ❀

就像我们在前面的章节中讨论的一样，医疗美容中大多数的治疗是无创的，而且疗效很好。然而对于激光磨削或激光换肤，你一定要特别注意。大多数的激光及相关设备是 21 世纪最大的皮肤治疗谎言之一。

激光像干细胞一样是一个迷人的流行语，但是与干细胞不同的是，激光在这个世纪头 10 年给患者带来了巨大的痛苦与损失。皮肤病学家与整形外科医师在 21 世纪头 10 年赚的钱比他们之前的 50 年都多。这其中有很多原因。首先，许多人都经历过环境毒素和来自臭氧层空洞的紫外线对于皮肤的损害；其次，公众对于仅仅出于美观的目的去改变外表的观点已经大为改变。

从经济角度来讲，不同的经济水平有着不同的治疗方案。然而，对于皮肤科医师和其他医疗美容从业人员来说，有很多的合法措施来治疗他们的患者，而无须借助于那些收效甚微的大型机器。

那些对皮肤本身没有多少了解或完全无知的人，对于激光以及诸如此类昂贵的设备印象深刻。它们是提高皮肤治疗专业人员收入的重要工具，所以他们愿意花费比一辆豪车还多的价钱来购买这样一台设备一点也不稀奇。然而，不能因为这些设备上挂着高价的标签就认为制造它们的成本同样高昂。就像其他许多电子器具，这些皮肤治疗设备也是在劳动力成本低廉而且安全标准常常不达标的东南亚以及印度尼西亚生产的。

由于普通人对皮肤治疗措施的实际效果知之甚少，使得它的消费高涨。这些昙花一现的机械奇迹给患者带来一线希望，让他们被一种潜意识的信念所征服，那就是：医生将带给他们一个全新的生活，让他们免除皮肤问题的困扰。他们薄弱的意识无法分清事实真相，以至于那些为他们服务的皮肤治疗人员可以理所当然地漫天要价，而患者常常由于太过于担心诸如癌症或皱纹之类的问题而不得不接受。

这些设备的销售代表们通常在美国，而中国厂商代表对收入的兴趣甚于健康的皮肤。他们的销售口号很容易被重复：这个设备很快就可以把它的本钱赚回来。

大多数治疗皮肤疾病的美国医师都有一台激光设备在他们的办公室。它们可能是红激光或绿激光，并且都有许多适应证，但是它们的工作原理都是一样的。所有的激光都通过破坏表皮起作用，而这些皮肤治疗团队希望通过我们的自愈体系修复激光造成的损害。

问题是激光设备的操作者可以控制破坏皮肤的程度，却无法控制修复皮肤的天然机制是否会起作用。詹姆斯·格瑞（James Green）医生是一位拥有十多年激光治疗经验的美国医学博士，他说："因为新生胶原变性后会转变为白色，烧灼激光导致面部先转变为红色，接着变成一种奇怪的白色，即使化妆后也惹人注目。"他认为通过其他的治疗方案可以取得更好的结果，"烧灼激光的问题是它们引起太多的色素改变。[1]"格瑞医生直面这个问题并选择放弃使用激光。

购买激光设备并在患者中滥用的趋势并非起因于医学的需要或是实验研究和调查的需要，而是基于市场的需要。

---

[1] James Green, "Skin Care, Laser Treatments, Chemical Peels, Microdermabrasion & Microneedling" (n.d.), http://jamesgreenmd.com/plastic-surgery-articles/skin-care-chemicalpeel-microdermabrasion.php.

光子嫩肤的神话

众所周知，光老化是由于暴露在太阳的紫外线下导致的皮肤损害，是一种衰老的表现。而光子嫩肤作为一种应对之策，是指通过可控的光、热或化学换肤等治疗，来修复皮肤被损害的层次从而使人看起来再度年轻，同时也可以改善某些皮肤的状态。

这种治疗有很多争议。首先，光子是构成光的粒子。在光老化的过程中，就是太阳光引起皮肤的损害。我们怎么能期待激光发射的可控光波去逆转由光引起的损害呢？不管是为了治疗皱纹、痤疮瘢痕、晒斑还是酒渣鼻，整个光子嫩肤的治疗方案的设计理念就是通过破坏原有的皮肤结构并激活自身的修复机制来起作用。随着我们的衰老，我们的皮肤逐渐失去了自身修复的能力，在身体处理完损害的修复后，它不能持续产生新的表皮细胞去防止损害的再次发生。

需要记住一个重要的事实是：使用这些设备的医师或技术人员通常不是由医学院校培训出来的，而是由设备的生产商提供培训的。由于缺乏从例如欧文分校、哈佛大学或者梅奥诊所这样的合格机构学得的真才实学，使得这些医生与他们的团队仅靠某些程序和有限的理解就随心所欲地对患者进行诊疗，而不是在有多年从业经验的教授或上级医师的小心监督下开展工作。如果在你的身体产生新的细胞以修复这些设备引起的损害后，你的皮肤颜色变得异乎寻常，你一定会感觉很糟糕。

不同的设备在能量、波长与持续时间方面各不相同。因此，不同的设备有其对应的最佳皮肤适应证。在机器导向的光子嫩肤中，光、热与化学作用是其产生作用的根本原因。光疗就是将高度聚焦的光线照射到皮肤的问题区域。就如大家所知的 IPL（intense pulsed light），或者叫做强脉冲光，它的作用机制类似于激光，就是通过光破坏表皮从而迫使机体产生新的细胞去修复治疗区域。

光束的波长是根据不同皮肤状况的要求由滤镜来控制，并集中照射患者皮肤的问题区域。高速光子在短时间的喷发中会损害特定区域的皮肤。在这个过程中，会促进胶原蛋白的产生，这是有益的，但深层的原因是皮肤受损导致机体产生新的细胞。

从这个意义上来讲，生长因子和以上所有设备有着类似的作用。上市的生长因子是一种外用的温和的血清样制剂，能够使机体产生新的细胞成分，而且整个过程无须通过注射的方式给予。将这种血清样的制剂很舒适地涂抹在有问题的皮区，创伤就开始修复，但不会引起机体细胞异常增殖。

如何保护你自己

现在通过一定的治疗来改善皮肤的外观并谈论它的效果已经不足为奇了。理想的情况是，在你开始自己的治疗之前最好结识一些已经做过类似治疗的人并亲自了解治疗的效果。如果你不能在一家物美价廉的诊所发现情况类似的患者，那唯一能更好地保护你的方法就是去当地的诊所，让他们将你介绍给之前的顾客并对这些顾客的情况稍作了解。如果这家诊所不愿意提供姓名，那你必须警惕这个诊所并没有看起来那么好。

如果你有机会与诊所之前的顾客见面，请仔细观察他们的治疗效果。与这些患者进行一次长时间悠闲的进餐可以让他们充分放松，以便让你能就他们的求医经历进行一次深入的交谈。最好与多位诊所的患者进行类似的谈话以了解他们的病情特点以及曾做过的治疗方案。这样的治疗方案是否涉及热、化学嫩肤、可控光或是一种新的例如更有前景的、真正无创的生长因子疗法？他们在治疗与恢复过程中能想起哪些好的与坏的方面？这样做使你不仅仅通过照片，还能亲自观察治疗的结果，这看起来很了不起。它让你对这个治疗方案到底是怎样开展的，以及效果如何，有一个直接的印象。只有掌握这些真实有效的信息，你才能就你自己的治疗方案做出最佳决策。

在与诊所医务人员接触时，你应该直接与将为你进行治疗的人交谈，从而了解你的治疗可以取得什么样的效果。如果效果听起来太好以至于不像真的，那实际上可能就是如此。另外，这些医务人员应该非常乐意告知以下事项：治疗的最大次数、你所需要的恢复时间、术后你将需要何种护理，以及万一碰到感染或其他并发症会怎样。如果你能得到最好的治疗体验，那再好不过了，但你必须为潜在的突发情况做好准备以及了解诊所会如何处置这些情况。

你也应被告知关于部分或全部疗程的价格与附加费用。治疗费用存在巨大的差异，这取决于治疗在什么地方、什么条件下开展以及是谁实施治疗。你不应该在事后意外得知治疗的花费，而是在之前就应该知道确切数值。

尽管光子嫩肤设备声称能够治愈皮肤疾患，或有其他不切实际的效果，但请记住这种设备是被设计来破坏组织的。尽管设备的操作者可以控制损伤的水平，但他们不能控制你们的皮肤如何去修复。

11

是否提升皮肤：
关于整形手术的看法

我在上文中已经提到，一些市场营销大师是如何给普通客户洗脑的，让他们认为自己需要最新的化妆品或皮肤护理治疗，从而保持年轻的面容或是改善皮肤的瑕疵。有些人可能会过分沉迷于追求"完美"，常常在金钱、身体以及情感上付出高昂的代价。

虽然我非常关心如何护理皮肤，并且我的本职工作就是帮助人们减轻或延缓衰老，但有个唯一不变的事实是：我们总会老去，而我们的身体也在变化。只有接受这一点，我们才能在今后更好地认清自己。

在追求美的同时必然存在风险，尤其是整形美容手术的潜在风险是不容忽视的，因此我们需要用谨慎而成熟的心态来思考是否愿意承担这些风险。整形手术并不仅是为了追求虚荣的外表，随着人们逐渐老去而整形手术变得越来越普遍，我们必须再三审视并认清一点：虽然外貌非常重要，但内在美才是最关键的。

整形手术的历史

整形手术是最古老的外科手术之一，是医疗实践中不可或缺的部分，其中拉皮术或除皱术是最广为人知的。从本质上来说，整形手术与其他任何疾病的治疗同样重要，许多整形手术也属于重建手术的范畴，例如烫伤或其他大面积外伤后的修复。整形外科医生也需要处理各种先天性疾病，例如唇裂、腭裂及鼻中隔偏曲等。而最常见的整形手术包括除皱术、脂肪抽吸术、胸部整形手术、眼睑手术及缩腹手术等。

最早有记载的整形手术可追溯至约公元前 600 年的古印度，那时对因战争或刑罚而失去的鼻子和耳朵使用脸颊或前额的皮肤来进行重建。

据凯尔苏斯（Aulus Cornelius Celsus）在百科全书中的记载，早在公元前 1 世纪，罗马人就已经通过整形手术来改善容貌，例如为肥胖男性缩胸和去除战争中留下的瘢痕等。

随着罗马帝国的衰落，许多医学文献相继流失。到了中世纪，外科手术被视为魔术，被认为是罪恶的，整形手术逐渐走下坡路，直到文艺复兴时期才再次复苏。

意大利人加斯帕洛·塔利亚科齐（Gasparo Tagliacozzi）（1546—1599）撰写了第一部关于整形手术的书籍，并进行了许多试验，利用身体某个部位的皮肤、皮下组织及血管修复另一部位的伤口。

美国则是在 19 世纪初开始实施整形手术的。当时一位名叫约翰·彼得·梅托尔（John Peter Mettauer）（1787—1875）的外科和妇产科医生使用自己设计的工具，于 1827 年实施了第一例腭裂修复手术。到了 19 世纪末，有学者开始发表关于现代鼻整形手术的科学论文，至此人们对于整形和重建修复术的热情突然高涨起来。

第一次世界大战所造成的巨大伤亡成了当时医学专家们试验的良田，士兵和平民中到处可见严重的烧伤和畸形。英国人哈罗德·吉里斯（Harold Gillies）（1882—1960）建立了第一所专门的整形重建外科医院，他和同事们发明了许多新技术，为从战争中回国的士兵进行面部损伤的修复。

而同一时期的美国，卡桑基安（Varaztad Kazanjian）（1879—

1974）、布莱尔（Vilray Blair）（1871—1955）和许多效力于美军的医师发明了许多创新性的医疗技术，为在堑壕战中身负重伤的士兵进行手术治疗。当他们回到美国后，设立了新的标准并成立了美国整形外科医师协会（American Association of Plastic Surgeons），杜绝不规范的整形手术并取缔了许多由庸医创办的整形外科协会。

几个世纪以来，凭借无数人坚定的毅力和乐于助人的热情，整形手术的发展和其他许多科学技术一起缓步前行，却摆脱不了受制于宗教、政府、经济及时代特色的命运。直到 20 世纪，随着止痛药及抗生素的诞生，医学技术的发展突飞猛进。

可以说，整形技术的历史同时也是人类智慧的发展史。好比面前有条河，我们不仅学会了如何横渡它，同时又建造了桥梁、筑坝截流，甚至将河流进行改道。人类作为一个物种，被驱使着搜集各种数据并运用信息使生活变得更便捷。没有人再愿意回到过去，回到那个认为整形手术是虚荣产物的年代，我们不再因为整形手术而遮遮掩掩或感到羞愧。

20 世纪的前十个年头，几乎所有具有经济背景的人都可以从事美容相关的外科手术。据国际美容整形外科医生协会（International Society of Aesthetic Plastic Surgeons）的记载，2011 年全球共实施了 1500 万台外科手术 [2]。

❧ 不要忘记负面的东西 ❧

随着技术的进步和人们态度的改变，整形手术日渐普及。但与此同时，悲剧也在发生。人们盲目迷恋小报杂志封面上光鲜亮丽的明星，于是便有了如下令人心碎的故事：母亲死于脂肪抽吸术并发症，留下年幼的孩子成为孤儿。

整形手术带来的不良后果不仅是身体上的，还有精神上的问题，

---

2 ISAPS, "International Survey on Aesthetic/Cosmetic Procedures Performed in 2011,"(2011): 10, http://www.isaps.org/Media/Default/global-statistics/Isaps-Results-Procedures-2011.pdf

虽然不那么显而易见，却同样棘手。

选择接受手术却在术后反悔的现象并不少见。许多人在术后感到绝望并想要恢复原来的样子。有人会觉得自己被毁容了，而影响了他们的整体幸福感，特别是有些手术无法被修复，这将会对人们的心理造成毁灭性的创伤。

有一个非常值得关注的问题是：整形可能会让人沉溺其中。不惜任何代价过分追求美丽会让人对整形手术上瘾，而执迷于把不切实际的美当做理想的美。

由于现在人们对于实施整形手术不再有羞愧感，并且越来越多的人具有一定的经济实力去进行整形手术，对整形手术上瘾成了我们需要关注的新问题。躯体变形障碍（body dysmorphic disorder，BDD）指的是患者将身体的微小缺陷过分夸大，并由此产生心理痛苦的心理病症。这种情况类似于厌食症，区别在于它的解决方法不是减肥，而是通过手术修补身体的"缺陷"。据报道，在美国进行整形手术的所有患者中，BDD 的比例高达 7% ~ 8%[3]。

新问题的新办法

当然，我们会想出相应的办法来解决整形手术出现的一些问题。同时，作为最早的与衰老抗争的这几代人，我们必须调整自己的心态来顺应这个阶段。

100 年前，全球平均期望寿命仅仅只有 30 岁左右。到了 2010 年，这个数值已经上升并超过了 2 倍多。虽然年老享有一些特权，但人们仍然追求使自己能看上去年轻一些。现代人早已放弃了父辈们的大男子主义原则，走向那些声称可以帮助他们对抗衰老的诊所，而其中不乏外科医生们。

---

[3] Canice E. Crerand, William Menard, and Katharine A. Phillips, "Surgical and Minimally Invasive Cosmetic Procedures among Persons with Body Dysmorphic Disorder," Annals of Plastic Surgery 65, no. 1 (2010): 11–16.

美容手术是速效的，但无论如何，对于在肉体上进行切割还是需要抱有谨慎的态度。有些结果是不可逆的，最终可能与原本的期望相去甚远。除此之外，是否真的有治疗衰老的方法呢？答案是否定的。但为了避免患上诸如 BDD 这类疾病，最可靠的办法是学会思考、接纳自己，在确保能为生活增添乐趣的前提下才进行手术。健康饮食，使用健康的护肤品保护皮肤，接受"我们从诞生的那一刻开始就在衰老"的事实，这才是最好的态度。老年不仅仅是一种特权，更是我们生命中重要的一部分，接受了这个观点才是真正健康的人。

第 3 篇
灾难与思考

任何人在任何时候都有可能遭受很多严重的皮肤疾病和伤害。在这一篇中，我们将讨论当你面对一些棘手的皮肤护理问题时，应该选择什么样的治疗方案。

12
皮肤疾病与伤害

❧ 什么是正常 ❧

疾病指会损害身体的结构或正常功能的非正常状态。在我们阐述皮肤异常情况之前，必须先了解什么是正常的。然而真正的问题应该是，什么对你是正常的？我总结出有三种类型的"正常"，每种都具有不同的特点，需要用不同的方法处理。除了知道自己属于哪一类，你还需要了解自己孩子、配偶、父母的情况，知道他们的需求并注意危险信号。

1. 中立型

作为一名医学专家，我会告诉你，如果你的皮肤感觉舒适，没有瘙痒或刺激感，没有明显的干燥或破损，不觉得油腻，那对你来说这就是正常。

绝大多数人属于这一类。许多人甚至从来没有考虑过自己的皮肤问题。有些人会在很长时间之后才发现自己皮肤上被扎了个小刺，或割了小口，或受了点轻伤，甚至直到伤口出现了感染或者疼痛才意识到自己受了伤，需要向医生寻求帮助了。

通常我们的皮肤是十分坚韧的，当你被小木刺扎到时，身体会分泌适量的液体将小刺推向皮肤表面，使之易于拔除。

中立型的人很少因为皮肤问题去看医生，他们更倾向于自己保护皮肤，比如避免强烈日晒等。

2. 粗犷型

第二类人往往生活在极端的气候环境中，生活条件艰苦。长期的户外工作以及对皮肤的不重视，使他们的皮肤饱经风霜、布满老茧。这与他们的生活环境与文化特点有关，比如农夫、牛仔、建筑工人、冲浪运动员、沙漠居民以及水手等。

他们往往会认为饱经风霜的皮肤意味着丰富的人生阅历，象征着冒险与成就。布满岁月痕迹的皮肤对他们而言正是大自然的杰作。

Q：酸奶对皮肤有好处吗？

A：酸奶富含益生菌，它富含蛋白质、钙以及多种 B 族维生素，可以涂抹在皮肤上，对皮肤有一定的好处。酸奶中的保加利亚乳杆菌（*L.bulgaricus*）、嗜热链球菌（*S. thermophilus*）和酶可以帮助皮肤愈合和肠道消化。此外，酸奶中还含有乳酸，乳酸不仅可以滋润皮肤，还可以去除多余的油脂和死皮，有助于减缓皮肤老化的迹象。如果晒伤了，酸奶还可以补充水分、冷却并软化皮肤。酸奶可作为面膜使用，起到滋润和清洁皮肤的作用，并帮助减少色斑和痤疮，恢复皮肤的酸碱平衡。另外，酸奶也可作为天然面膜中的成分使用，使皮肤变得光滑紧致。

3. 谨慎型

第三类人往往能够意识到太阳中的紫外线及大气中的污染物会

对我们的身体健康以及皮肤造成伤害。这些人会希望他们自己和所关心的人的皮肤都保持柔软和健康。他们会采取必要的措施防止皮肤受到日光暴晒或是大气污染物带来的伤害。

谨慎型的人会主动寻求皮肤科医生的帮助，检查自己是否患有皮肤方面的疾病，比如黑色素瘤等。他们也会听取皮肤护理专家和护肤中心的建议、诊断并接受相应的治疗。如果你正在阅读此书，说明你正是属于这一类人群。

当发生异常情况时

无论你属于哪一种"正常"类型，当你的皮肤出现了问题，要假装没事发生是不可能的。当疾病发生并影响到皮肤时，我们会立刻意识到身体最大的器官是多么重要和神奇，而不会泰然自若、不闻不问。

很多人不知道，当出现了皮肤问题时究竟应该向谁寻求帮助，是皮肤科医生？是美容 SPA 会所？还是非处方药店？以下五个步骤可以给你一些建议：

第一步：坦然面对正常和异常之间的差异

脸上出现小的凸起、肿块或者黑头是再正常不过的了；你注意到它，然后继续你的生活，过不了多久它就自己消失了。即使有一些异常，中立型的人也会等待它自己消退。如果你习惯于不去关注你的皮肤，那你将很难学会坦然面对并呵护它。

比起最先注意到皮肤上出现的各种小疹子，你更应该留意的是皮肤的不适感。如果出现疼痛，不论是尖锐的刺痛或是麻木的钝痛，即使有时候只是瘙痒和干燥，都应该引起重视。

第二步：寻找诱因

食物过敏可以导致各种皮肤疾病，比如皮疹和瘙痒等，尤其是从未吃过的食物。另一个罪魁祸首可能是新的护肤产品，如果怀疑是护肤品造成的皮肤疾病，那就不要再继续使用了。药物的不良反应同样也会表现在皮肤上，当出现这种情况时，就应该向医生咨询了。如果皮肤的困扰影响了你的日常生活，就应该去看医生了。如果只是轻微的不适，可以咨询药师，外用药物可能起到一些作用，当然药师也可能建议你去看医生。

皮肤问题是不会无缘无故发生的，无论多么微小、无关紧要的情况，都可以是皮肤问题的诱因。除了对食物和药物的过敏反应，生活中的各种压力所导致的睡眠不足、精神紧张，或是室内外环境中所接触的化学成分，都可以导致皮肤疾病的发生。

第三步：不要对任何症状粗心大意

显然这一点是针对男人和女汉子们的建议。疾病的威胁永远不容低估，这一点同样适用于皮肤和其他任何地方。一旦你对自己的健康产生了一丝担忧，千万不要不以为然或听之任之。如果你觉得自己的健康出现了问题，这种第六感往往是准确的。

当然，你也不必对皮肤上出现的任何问题都过分敏感，一个小肿块、红斑、擦伤或变色也许只是因为有什么东西碰伤了皮肤，并不一定代表出了什么大事，只要对这块地方继续观察，确保它不再扩散、慢慢消退就可以了。

第四步：头脑冷静、保持镇定

如果皮肤上出现了小肿块、红疹、淤伤等，而且持续不退，这时候最好不要慌张并保持镇定，冷静地寻求对策。如果皮疹消退后反复发作，甚至开始播散，不要犹豫，应立即去医院看医生！

第五步：寻找一个值得信赖的医生

谨慎型的人一定会提前做到这一条。不要到了紧急关头才想到看医生。找到一个了解你和你家人病史的医生非常重要。

在第 20 章中，我将会教你如何选择皮肤科医生。虽然我并不希望发生任何突发事件，但在紧急时刻，如果有一个熟悉的医生可以寻求帮助，那是再好不过的了。

日常生活中的皮肤疾病

护理皮肤并不是虚荣心的表现，不要因为担忧这一点而忽视了皮肤疾病的深远影响。有些人觉得皮肤护理并不重要，殊不知，健康的皮肤是整体健康和免疫力强大的表现，它对机体防御并抵抗恶性黑色素瘤至关重要。一个人对自己外表的信心恰恰反映了积极的人生观，这一点本身也可以帮助我们抵抗疾病。

情绪也会影响免疫功能，而外表又可以影响情绪。当我们的外表出现瑕疵，尤其是罹患严重的皮肤疾病，比如烧伤等，我们会觉得尴尬，甚至想要躲起来不被人看到。而这种消极的情绪状态则会抑制免疫系统。

我们的日常生活是皮肤疾病的乐园，亦是战场。当我们与环境和谐共处时，皮肤的功能正常、外观健康。但当出现问题时，情绪的变化会给皮肤带来巨大的变化。

导致皮肤疾病的原因

每个人都应该了解一些会导致皮肤疾病的基本常识，以防自己和身边的人受到伤害。

首先，你需要了解造成皮肤疾病和伤害的外源性因素。可引起皮肤疾病的生物有细菌、病毒、原生动物、真菌和原虫等。它们可以通过动物或在公共场合（如公共厕所、游泳池等）中，在人和人之间进行传播。造成皮肤疾病的外因还包括皮肤接触暴露的人造和天然产品，比如化学品、气体、颗粒物等，另外还有诸如烧伤和砍伤等对皮肤造成的创伤。

其次，你需要知道造成皮肤疾病的内源性因素。这包括家族遗传性皮肤疾病、皮肤肿瘤的易感性，以及某些食物过敏。有些是由于胚胎发育过程中受到干扰造成的。食物和药物的过敏反应来源于内部，例如痤疮可以是由于内分泌系统紊乱所致。循环问题亦会引发皮肤疾病，因为皮肤健康还取决于富氧的血供。

最严重的皮肤疾病则是由于细胞异常增生导致的癌症，而皮肤暴露于紫外线中就有可能诱发恶性黑色素瘤。

正如你所见，皮肤疾病的诱因有多种，并会随着我们年龄的增长而累加。日常生活的情感压力，加上营养不良和毒素入侵等因素，都对皮肤疾病的发生有着不可推卸的责任。虽然常见的皮肤疾病和伤害不可避免会发生，但养成保护皮肤的习惯，预防疾病的发生仍至关重要。

常见的皮肤疾病

痤疮

痤疮是青少年和青年人中最常见的疾病。约 80% 的 11 ~ 30 岁人群都发生过痤疮[1]。我们都知道痤疮长什么样，很容易识别它，但只有真正深受其扰的人才能体会痤疮对他们造成的社会压力。患者满脸肿胀、布满脓疱，内心饱受痛苦和孤单的煎熬。给予患者充分的理解很重要，这将会在第 13 章中详细介绍。

皮炎

皮炎是一系列疾病的统称，是第二大常见的皮肤疾病。湿疹和皮炎常被归为一类，皮炎更倾向于急性起病，而湿疹往往是慢性的。皮肤科医生可以诊断你到底属于哪一种情况。

皮炎有许多类型，都是由于对某些物质过敏引起的，比如化学物质、细菌、植物或真菌等，不会传染。皮炎可以有皮疹、发红、

---

[1] National Institutes of Health(NIH), "Facts about Acne:Who Gets Acne?" (November 2010) , www.niams.nih.gov/Health_Info/Acne/acne_ff.asp.

肿胀和瘙痒等表现，有时甚至会出现水疱，导致瘢痕形成。皮炎的主要表现是瘙痒性炎症。

皮炎患者需要由专业的皮肤科医生进行治疗，以帮助减轻皮炎相关的其他症状，如皮肤干燥等。以下是一些常见类型的皮炎：

特应性皮炎（或称特应性湿疹）往往周期性发作，常发生于同时患有哮喘或季节性过敏（如花粉症）的人。特应性皮炎通常有家族史，且常与压力、过敏和哮喘有关。其好发于儿童，有时到了青春期后就会消失，但不少人会持续到成年。在婴儿中，表现为患儿面部、头皮、四肢等出现瘙痒性皮疹并伴渗出，而儿童和成人的皮疹常分布于肘窝和腘窝。接触花粉、霉菌、环境毒素及香水和染料，或是特定的食物，甚至压力增大等，都可以使特应性皮炎病情加重。

特应性皮炎的主要治疗方法是避免诱发因素，并遵医嘱使用药物。

接触性皮炎是指当皮肤直接接触某种物质后出现红、痛或炎症的一种皮肤疾病。接触性皮炎可分为原发性刺激和变态性反应两种。原发性刺激最为常见，可以在接触肥皂、洗涤剂、杀虫剂或其他一些化学物质后发生，严重时看起来像烫伤。变态反应性接触性皮炎则是因为对特定的物品过敏，比如香水、化妆品、特定的面料和金属、橡胶及某些植物等。接触性皮炎的治疗首先需要脱离过敏源并避免接触。这种过敏不一定立刻发生，但当反复接触后，敏感度会提高，皮炎就会出现。

盘状皮炎（译者注：或称钱币状湿疹）是由于皮肤干燥引起的，与干燥的环境和频繁的热水沐浴有关，表现为腿部、手部、手臂和躯干处的红斑。使用润肤乳或润肤油使皮肤滋润，并避免接触使皮肤干燥的物质，如咖啡因等，皮炎即可好转。皮肤科医生可以开具外用糖皮质激素药物治疗。

脂溢性皮炎，当发生在婴幼儿身上则被称为"摇篮帽"，表现为头皮脱屑；而在成人，则表现为头部脱屑及面部的油腻痂，并以眉毛附近及鼻部两侧为特征性部位。当压力增大时，脂溢性皮炎亦加重。

脓疱疮

脓疱疮是由葡萄球菌及链球菌感染引起的细菌性传染性疾病，系接触传染，蔓延迅速。细菌从开放的伤口进入皮肤，在 2 ~ 6 岁儿童中最为好发。脓疱疮表现为红色小脓疱，内含疱液，破裂干燥后形成厚痂。治疗包括外用和口服抗生素治疗。

痣

全世界许多人都有痣。女性面部一些特定部位的痣甚至被称做"美的标志"。痣由黑素细胞局部聚集而成，通常是良性的，可平于皮面，也可高出皮面。但并非所有痣都是无害的，有些痣具有潜在发展为恶性黑色素瘤的可能。任何新长的痣，或是原有的痣发生变化，都应该引起重视，并由皮肤科医生进行检查，而不是其他一些自称所谓的皮肤专家。

银屑病

银屑病可能看起来像是某种皮炎，但却是一种截然不同的慢性疾病，可能与免疫反应过度激活有关，使机体将正常的皮肤细胞误认为病原体，并过度产生新的皮肤细胞。银屑病没有传染性，但具有一定的家族遗传倾向。轻度仅表现为散在的小皮疹，而严重病例则表现为显著的非感染性炎症，伴有瘙痒，松散的银白色鳞屑可互相融合，覆盖大面积皮肤。

虽然目前银屑病还无法治愈，但通过饮食、情绪和生活方式的全面调理，并积极配合医生的治疗，病情可以得到控制。

酒渣鼻

酒渣鼻是最令人困扰的皮肤疾病之一，因为它通常看起来是一个简单的皮疹，但它是一种慢性疾病，表现为类似晒伤的面部频繁发红；面部可有类似痤疮的小囊肿，且有脓性分泌物；以及干眼和眼睑疼痛等症状。和银屑病一样，酒渣鼻无法完全治愈，但是内科医生或皮肤科医生可帮助管理这一疾病。

皮肤肿瘤和恶性黑色素瘤

在这一章中有必要重点讨论一下皮肤肿瘤。由于全球气候的变化，皮肤肿瘤的比例逐渐攀升，其中环境污染导致大气层变薄是最主要的原因之一。臭氧层的空洞变大，致使暴露在阳光下都变得有风险。因此，我们有必要保护自己，免受太阳紫外线的伤害。

在美国，皮肤肿瘤是最常见的肿瘤，每年约有 350 万美国人被确诊患有皮肤肿瘤性疾病。2013 年，约有 76 600 名美国人被确诊患有基底细胞癌、鳞状细胞癌及黑色素瘤等高度恶性的皮肤肿瘤 [2]。

黑色素决定了人的肤色，恶性黑色素瘤即为发生于黑素细胞的肿瘤。恶性黑色素瘤可以出现在身体的任何部位，尤其曝光部位好发。恶性的征象包括：新发的痣，原有痣出现疼痛、瘙痒、发红或出血，原有痣的大小、形状、颜色或高度发生变化。

坏消息中的"好消息"是，皮肤肿瘤如果在早期发现并进行治疗，预后还是不错的。对于所有的皮肤肿瘤，都应该避免长时间的日晒，保护皮肤免受紫外线辐射是阻止其发展的最好方法。

这里我需要再次重申拥有一个值得信赖的皮肤科医生的重要性，不仅是为了在年华老去时仍然保持美丽的肌肤，更是为了当发生事关生死的皮肤肿瘤时有一份保障。我曾听说过这样一个案例：患者向一名资历较浅的医生咨询一处反复不愈的皮疹，医生认为是疣，不需要担心。随后患者又至外科就诊，医生立即安排手术治疗，并解释说，如果早一些来就诊，切除范围不用像现在这么大。

选择一位皮肤科专家，并定期进行检查是十分必要的。任何可疑的皮疹越早发现，对生命的威胁越小，同时手术切除癌变细胞的皮肤范围和留下的瘢痕也越小。

---

2 American Cancer Society, "Skin Cancer Facts" (March 25, 2013), www.cancer.org/cancer/cancercauses/sunanduvexposure/skon-cancer-facts.

疣

疣是由病毒感染引起的，在世界范围都很常见。疣分为很多类型，具有传染性，通过破损皮肤接触感染，大多是无害的。疣可以发生在身体任何部位，以手、脚最多见，表现为粗糙皮肤上较小的颗粒状隆起。疣由人乳头瘤病毒（HPV）引起，通常是无痛的，可伴瘙痒，但会影响外观。临床上需要鉴别以除外恶性疾病。至于医生，自有办法去除疣，并可开具药物以防止进一步扩散。

Q：我有位乌干达的朋友说，用生土豆摩擦，然后把土豆藏在暗处，可以治愈儿童身上的疣。显然，后半句听起来简直太迷信了，但生土豆中是不是真得含有什么有益物质呢？

A：如果摩擦生土豆真的可以治疗疣的话，可能的原因是土豆中的天然氨基酸、酶、糖、淀粉和丰富的维生素C可以将疣溶解，并去除死皮。当然，认为土豆有效的想法可能也起到了安慰剂效应。

13
痤疮是怎么回事

痤疮是美国发生率最高的皮肤疾病，有 4000 万 ~ 5000 万美国人患过痤疮，将近 85% 的人在人生的某个时刻一直受到这一疾病的困扰[1]。青春期男性的发病率高于女性，而过了青春期之后则相反。

众所周知，痤疮好发于面部、颈部、肩部和背部，表现为炎症性的丘疹。痤疮的发病原因主要有以下三点：①皮脂腺增生造成油脂分泌过多；②毛囊皮脂腺导管角化过度致使导管阻塞；③阻塞的毛囊内细菌增殖。

痤疮的英语学名是"acne vulgaris"（寻常痤疮），念起来像是恐怖片里的角色。对于痤疮患者来说，它的确很恐怖。从青春期前的儿童到 25 岁的成年人，都可以患痤疮，尤其是青少年，他们本身就处于性格养成阶段，对社交充满不安，深受来自同伴的压力，而满脸痤疮可能会让他们遭到同龄人的欺负，从而导致严重的心理和社会问题。

---

[1] American Academy of Dermatology, "Stats and Facts:Acne," (2013), www.aad.org/media resources/stats-and-facts/conditions/acne.

面部的黑头粉刺、白头粉刺和脓疱丘疹很难遮盖。当痤疮很严重时，再加上挤压或碰擦导致破溃，甚至还会造成发炎感染。

痤疮是如何发生的

人体分泌的油脂称为皮脂，可以保持皮肤滋润和健康。皮脂由皮脂腺分泌而来，而皮脂腺则位于表皮以下并且与毛囊相连接。随着年轻人的生长发育，性激素分泌逐渐增加，从而导致过多的皮脂分泌。皮脂分泌过度，又造成毛囊皮脂腺导管阻塞，导致脱落的上皮细胞无法顺利排出。随着这种情况持续下去，毛孔处形成黑头和白头粉刺，阻塞的毛囊又会吸引表皮的正常菌群聚集于此。含有细菌的皮脂物质堆积，并外渗至表皮，导致毛孔周围的皮肤出现炎症，从而出现青春痘，也就是炎性丘疹。免疫系统为了对抗感染会产生白细胞，而白细胞堆积则形成脓疱。当皮脂物质扩散到周围的毛孔，使感染进一步播散，导致瘢痕、结节和囊肿。

其实专家并不知道究竟是什么原因导致痤疮，但性激素肯定是起了很大的作用，尤其是男孩的雄激素水平，以及女孩月经发生时的性激素变化。每个人基因的易感性可能是原因之一；一些药物可以导致痤疮的发生；化妆品，尤其是比较油腻的，会使易感人群出现痤疮；饮食与痤疮也有一定关系；当然，环境毒素和压力也可能是痤疮的诱发因素。

坏消息：细菌突变和抗生素耐药性

近年来，痤疮出现了多种治疗方式，抗生素是其中的一种。但坏消息是，抗生素可能一开始的效果比较好，但若反复使用，多年后即使使用不同种类的抗生素，也很有可能治疗无效。导致痤疮的细菌和我们一起共生了很长一段时间，但它们十分聪明，会发生突变，变得对抗生素耐药。

近年来，抗生素对治疗痤疮是一个突破，即使疗效不如以往，但仍然是医生们的首选。抗生素耐药的严重后果之一是出现耐甲氧西林金黄色葡萄球菌（MRSA），这种葡萄球菌感染对抗生素耐药，包括青霉素如甲氧西林。近些年来，医院、监狱以及疗养院的许多死亡病例都可追溯到 MRSA 感染。

导致痤疮的细菌称为痤疮丙酸杆菌，使用四环素治疗痤疮后导致痤疮丙酸杆菌也变得逐渐对抗生素耐药。这对于曾服用该药的患者在需要用抗生素治疗另一感染时更为不利。随着这些耐抗生素菌株的出现，医生们越来越意识到需要限制抗生素的使用。

最近有研究表明，由于过氧化苯甲酰的抗菌和抗炎作用，联合使用过氧化苯甲酰和抗生素，可以减少丙酸菌属发生耐药[2]。

以下列举了一些皮肤科医生可能开具给你或与你讨论的治疗方案：

抗菌剂：如过氧化苯甲酰外用。

蓝光和红光光疗：蓝光和红光共同作用的波长可以杀死细菌，并缩小皮脂腺，减少油脂分泌。治疗需要进行多次，可能会造成暂时性的红斑、结痂或蜕皮，可能会让一些患者觉得治疗得不偿失。

可的松：或其他类固醇激素，直接注射到疼痛或肿胀的囊肿性痤疮处，可起到暂时的修复作用，如在舞会或面试前夕。治疗后需要几天时间脓疱才会消失。

磨削术：是使用旋转的金属刷头去除上层皮肤的一种技术。皮肤磨削术疼痛明显，需要配合麻醉剂进行，且修复时间较长。

激光治疗：激光治疗与红、蓝光治疗类似，都使用到了光，因此它也有可能因为破坏皮脂腺从而导致长期的皮肤损伤。

维 A 酸类：为维生素 A 相关的化合物，是肌肤不可缺少的养分。局部使用可加速皮肤细胞的脱落和再生，从而有助于清除阻塞的毛孔、减少痤疮的发生和减轻痤疮的严重程度。此

---

[2] Maha Dutil, "Benzoyl Peroxide:Enhancing Antibiotic Efficacy in Acne Management," Skin Therapy Letter 15, no. 10(2010): 5-7.

外，维 A 酸类药物也有口服制剂。

手术：可用于去除严重的囊肿。

维生素 A：口服适宜剂量的维生素 A 可以减少皮肤油脂的分泌量。

维生素 B$_3$：类似于维生素 A，适宜的口服剂量有消炎作用，可减轻炎症。

天然物质疗法

天然物质疗法在几百万年前的人类药典史中就有记载。一些爱好者认为，天然物质是万能的，在现代药物出现之前人们也活得很健康，没有龋齿，也从不长痤疮。然而，这些说法并没有考古学证据，例如，古埃及人似乎也会长痤疮，并且会用硫黄来治疗[3]。

像其他任何非处方化学疗法一样，标榜为"天然"或"有机"的痤疮治疗方法也需要谨慎对待。所谓的天然产品的生产商并不比大型跨国化妆品公司能提供更多的保证。要记住，虽然这些产品的成分经过测试证明无害，但并没有调查显示它们可以起到所承诺的作用。小病小痛可能只需要简单的治疗，但千万不要夸大天然产品的作用。

芦荟可以缓解疼痛，掰开一片芦荟叶，将其中的汁水涂抹在小的伤口上，可能立刻就会感觉好一些；但如果是严重的烧伤和水疱，则需要立即向医生寻求帮助。

芦荟可用于治疗擦伤和其他一些皮肤疾病，例如痤疮和银屑病等。虽然它可以减轻痤疮的炎症，但能否治愈仍然值得商榷。

Q：青少年痤疮的传统美式治疗方法是：打一个生鸡蛋，涂在脸上，等到干了以后再用冷水清洗。这样可以改

---

3 Jonette Kerri and Michael Shiman, "An Update on the Management of Acne vulgaris," Journal of Clinical, Cosmetic and Investigational Dermatology 2 (2009): 105-110.

善痤疮吗？如果可以，原理是什么呢？

A：鸡蛋富含两种非常重要的物质：白蛋白和维生素A。白蛋白是一种薄膜状物质，与皮肤中的盐结合后可以起到类似干燥剂的作用，使粉刺变干和收缩毛孔。维生素A则是目前治疗痤疮药物中的重要成分，蛋黄中富含维生素A，而蛋白中则没有。蛋黄并不适合作为面膜用于有痤疮的皮肤。蛋黄中含有一种名为氧杂蒽的色素，当与痤疮丙酸杆菌释放的少量过氧化氢结合后，在阳光作用下会使皮肤变得敏感。痤疮的治疗药物中则含有过氧化苯甲酰。

如何治疗痤疮

虽然大自然并不能为我们提供治愈痤疮的办法，但我们并非对它无能为力。任何增强免疫力的措施都可以帮助减轻痤疮。也许结果并非立竿见影，但总能一点点好转。以下是一些值得关注的健康习惯：

1. 加强体育锻炼，注意休息，减轻压力。

2. 与家人保持亲密的关系，尤其是青少年。良好的家庭关系对于身心健康都是有帮助的。

3. 平衡健康的饮食。众所周知，现代饮食中含有大量加工脂肪、面粉、糖和甜味剂，这可以导致许多疾病如糖尿病等的发生。毫无疑问，健康饮食可以增强免疫力，有助于预防和改善痤疮。大量蔬菜、水果、粗粮、充足的蛋白质和健康的脂肪是日常饮食中所必需的。经常在外吃饭的青少年可以尝试在午饭和晚饭时吃生的或蒸的蔬菜，以及一片水果作为零食。

4. 每天使用皮肤科医生推荐的温和肥皂洗两次脸。肥皂中不应含有以下潜在的有毒成分，如第 7 章 "需要避免的 8 种有毒物质" 中提到的成分。

5. 不要挤压粉刺和阻塞的毛孔，这会使情况变得更糟，甚至导致瘢痕形成。

好消息：基因研究和生长因子

基因研究的成果来得正是时候。基因研究指利用生长因子标记细胞，以此治疗痤疮。生长因子是目前皮肤科医生最有力的武器。生长因子的应用并不会对细菌本身产生影响，但生长因子可以促使机体组织更新，使旧的毛囊被替代，从而消除炎症。

随着研究人员对基因编码和相关学科的进一步探究，会有越来越多的科学成果涌现，来帮助我们找到对抗细菌和病毒的新方法。目前，生长因子仍是皮肤护理领域中最令人惊喜的发现。

14
皮肤色素改变及其目标

在皮肤治疗的广阔领域，人们向皮肤病学家寻求帮助的最常见原因是为了治疗痤疮及去除痤疮瘢痕。皮炎是第二大常见原因。位居第三的则是皮肤色素改变，包括追求皮肤亮白以及肤色加深（如晒黑皮肤）。

事实上，试图改变肤色是对我们健康的巨大威胁。喜爱自己的肤色，喜爱它作为一个器官的辛劳工作，喜爱它默默为身体的健康所做的一切，其实尤为重要。

肤色和发色像饮食习惯一样，是对气候和地理环境适应的结果，是与人类历史息息相关的特质。较深的肤色使那些居住在热带地区的人们免受紫外线的损伤；而在北部，如北极圈内，人们的肤色也较深，虽然那里缺乏足够的阳光照射，理论上深肤色会干扰日晒后维生素 D 的产生，但人们食用大量海鲜，其中富含维生素 D，这样就无须通过日晒获取维生素 D。

为了合理地保护我们的身体，有太多需要学习的知识，比如皮肤的色素或颜色，认识并爱护它非常重要。

黑色素

黑色素是决定肤色的天然色素。日晒时，黑色素生成增多，肤色加深。如前文所述，从基因学角度而言，我们的不同肤色是由不同的地理环境决定的。人类起源于非洲，其中，一些史前的祖先迁徙到北方，那里对黑色素的需求降低，于是他们的肤色变得越来越白。后来，这些较浅肤色的祖先中有一群人向赤道进发，在那里他们的肤色再次加深。日晒越多的地方，黑色素越丰富，这能够防止如皮肤癌等一些疾病，也能减弱太阳辐射所造成的其他不良效应。当居住于日晒较弱且冬夜漫长的地方时，那些黑色素含量较少的人们能够更好地合成维生素 D。

虽然黑色素有遮光剂的作用，并能防止癌症发生，但它也会减少维生素 D 的含量，因为维生素 D 需要通过皮肤经日晒反应后获得。而那些远离赤道居住的肤色较深的人们可能需要增加高脂肪鱼类的摄入或额外补充维生素 D，以维持骨骼与牙齿健康。黑色素也决定了毛发和虹膜的颜色，并存在于大脑中。皮肤黑色素由位于表皮深层的黑素细胞产生。黑色素有很多种，包括真黑素、褐黑素以及神经黑色素。

真黑素有黑色与褐色两种类型。当真黑素不足时会造成白化病。当其他色素缺失时，少量的黑色真黑素会使发色灰白，而少量的褐色真黑素则会引起金发的视觉效果。

褐黑素会呈现出粉色到红褐色，在橘红色毛发中有大量褐黑素。雀斑的产生与之相关，唇部、乳头、阴茎、阴道中也有褐黑素聚集。这种色素有可能导致 DNA 损伤，这是非紫外线照射引起的黑色素瘤发生的重要原因[1]。

神经黑色素是浅蓝色到棕黑色的色素，由大脑产生，在尸检中易被发现。其功能目前尚不完全明确，有研究表明神经黑色素可以

---

[1] Devarati Mitra et al., "An Ultraviolet-Radiation-Independent Pathway to Melanoma Carcinogenesis in the Red Hair/Fair Skin Background, " Nature 491, no. 7424(2012): 449-453.

结合一些特殊金属元素，比如铁与其他重金属元素，提示其在大脑中有保护性作用。科学家目前已在帕金森病患者的大脑中发现神经黑色素与铁元素的减少 [2]。

我们命中注定拥有的黑色素并未在出生时全部表达，而是随着我们的年龄增长逐渐积累、增多，并在我们的一生中不断变化。当黑色素增多时，非白种人宝宝的虹膜可从出生时的蓝色逐渐变成 2 岁时的绿色、栗色或者褐色。宝宝的肤色在出生时较浅，随其年龄增长、日晒增多而逐渐加深。随着年龄的增长，毛发的颜色也从黑色、褐色、橘红、金色变为灰白。

随着我们对皮肤生物学和环境改变对皮肤产生的效应有了更多的认识，皮肤护理实践也得以发展和进步。

皮肤色素影响治疗效果

了解了黑色素可保护皮肤免受紫外线的伤害，我们就可以将此应用于改善肤质的美容治疗中，通过人为损伤皮肤而启动修复过程。例如，在保护深色皮肤不受日晒辐射影响的同时，黑色素也阻碍了医学激光治疗的效果。白种人焰色痣的激光治疗非常有效，然而在亚洲及非洲血统的人群中效果欠佳。肤色越深的个体黑色素越浓聚，这增加了光的散射和黑色素对光的吸收，弱化了疗效。雀斑和痣通常出现于肤色较浅的特定人群，为局部正常的黑色素增多，所以对雀斑和痣的激光治疗是基于相同的原理。

上述疗效的减弱也出现于其他皮肤治疗措施，如皮肤磨削术中。无论期望拥有何种肤色都有利有弊。这是对大自然和其馈赠的抵触导致了麻烦的产生。

2 Florian Tribl et al., "Identification of L-Ferritin in Neuromelanin Granules of the Human Substantia Nigra: A Targeted Proteomics Appoach, " Molecular & Cellular Proteomics 8, no.8 (2009): 1832-1838.

色素沉着与色素减退

很少有人会意识到皮肤的色素沉着或色素减退，而这事实上意味着色素产生过程中出现了严重的破坏。色素沉着指因黑色素生成增加导致皮肤的一些斑片颜色加深。色素减退指的是黑色素生成减少，导致出现白色斑片。这些深色或白色的斑片可以出现在面部、颈部、手背和背部。

色素沉着在深肤色人群中更易出现，往往出现在曝光部位，通常是由于黑色素生成增多造成，称之为黑素生成（melanogenesis），是紫外线对 DNA 破坏时的反应。这种机制事实上是机体试图保护自身避免皮肤癌发生。色素沉着也可因多种药物或皮肤损伤造成。

色素减退或脱失在肤色浅或深的人群中均可出现，其原因包括基因学异常、疾病、真菌感染、损伤、烧伤或其他创伤等。

所有人种均是色素沉着及色素减退的易感人群。有些获得性或遗传性疾病是我们无法轻易控制的，比如肾上腺皮质功能不全、白癜风、乳糜泻、卟啉症等，这些疾病均有色素沉着或减退的皮肤表现。然而也有两个色素沉着或减退的病因是我们能够控制的，即过度日晒和吸烟：

1. 过度日晒

日光会刺激黑素细胞产生更多的黑色素。由于我们的机体调节黑色素的能力随着年龄增长而下降，如果你身上某处曾晒伤或受到化学物质灼伤，那么皮肤的敏感性增加，会导致色素沉着的发生。通过留意自己何时晒太阳以及日晒时间、穿着具有防晒保护功能的衣服，即使年龄增长，你也能够保护自己的皮肤。

2. 吸烟

吸烟能够导致所谓的"吸烟者的结肠黑变病（smoker's melanosis）"，其特征是结肠和口腔出现色素增加区，有时累及嘴唇及口周。当患者戒烟后，病变区域通常在 1 ~ 3

年内逐渐痊愈。由于吸烟所带来的自由基损伤会导致皮肤
过早衰老，所以戒烟也能为皮肤带来其他益处。

改变皮肤色素的产品及措施的恐怖之处

使用提亮肤色的乳液可降低皮肤的抵抗力，从而导致色素沉着。
众所周知，曾经一些肤色提亮的治疗措施含有水银和水银的衍生物。
在印度和巴基斯坦，一些以家庭为基础的供货商仍会提供含有此类
毒物的"传统"漂白剂。更应引起警觉的是对苯二酚，这种漂白剂
是公认的致癌物质。应用这些成分会增加日晒对皮肤的损伤，导致
色素沉着和色素减退的发生。

暴发性痤疮治愈后也可出现色素沉着，而后续治疗痤疮瘢痕的
激光表皮磨削术后则可发生色素减退。

如果你的皮肤上有由于真菌或其他疾病留下的白斑，加入"美
黑沙龙"不会为你的肤色改变带来任何帮助。事实上，如果你正在
服用哪怕是像避孕药或者痤疮药物这样温和的药物，美黑床都会干
扰皮肤的正常黑色素生成，使皮肤对美黑床的光线更加敏感。这一
过程会使那些你在加入美黑沙龙前也许都不曾注意到的白斑加重。

爱护自己的皮肤非常重要。人们对黑色素生成过程的了解尚在
起步阶段，但我们目前所掌握的信息已然令人惊叹。所以，不要为
了改变你的肤色而贸然打乱这一令人惊叹的过程，这是千万代移民、
异族联姻、环境适应的进化结果。我们的皮肤是人类历史的一部分，
是我们刚刚开始了解的一部分。

15
脱发与毛发再生

与皮肤的其他部分一样，毛囊一向如万金油一般从商业市场环境中区分开来。脱发就像市场营销一样，总是让我们没有安全感。对脱发的治疗有一定的历史根源，并且至今仍存在于歪曲的科学和不靠谱的手术中。

这种担忧已经深深地刻在了我们许多人的脑海里。当我们看到糟糕的假发时，会担心自己年迈时的毛发状态。我们会同情那些戴着呆板的假发的人。如果一些人头顶令人反感的假发，我们也会心生厌恶。

由于我们对拥有一头健康秀发的渴望一直存在，对脱发的担心常常使我们内心失衡。诚然，人各有所好。不过，无论潮流如何改变，每个人都至少希望头发是自己的，方能轻松自在。

男性型秃发

脱发在生活中很常见。虽然它是一个不争的事实，但大部分脱发（头皮光秃秃地像婴儿屁股一般）的男性都希望拥有一头哪怕是灰白的头发。雪上加霜的是，脱发并非一朝一夕的事。大部分始于一种特定类型的脱发，比如发际线后移，以及头顶头发稀疏。

一束毛发通常能维持生长超过 4 年的时间，在其脱落后，新的毛发需要 6 个月的时间方能长出。头皮平均有大约 10 万根头发，每天约有 100 根头发脱落下来。

常规的头发护理措施如洗头、梳头、吹干、用卷发棒烫卷都有可能引起脱发。30 岁以上的人群会比年轻人脱落的头发更多。除此之外，如果你是男性，又正好有个秃顶的父亲，那么你很可能由于基因的影响也走向秃顶之路。

在几乎所有的男性脱发案例中（脱发在女性中较为少见），由于基因组成的缘故，男性会生成更多的双氢睾酮（dihydrotestosterone，DHT），这是一种雄激素，由睾酮转化而来。DHT 阻止了毛囊对营养的吸收，逐渐导致了男性型秃发。男性型秃发始于发际线逐渐后移至头顶。

从 20 世纪 50 年代起，人们就已经发现了脱发和雄激素的关系。不过我们的祖先早已意识到激素与脱发可能存在着某种联系。大约在公元前 400 年，希波克拉底观察到被阉割的男性通常不会脱发，这一事实驳斥了秃顶意味着丧失生殖力这一传统观点。

放心吧，男性无须为了保留其头发而忍受阉割之苦。虽然我们对改变一个人的遗传基因无能为力，但是男性和女性的毛发稀疏也可能由于营养缺乏、应激、失眠以及甲状腺疾病、血压异常、糖尿病等疾病造成。一些药物，尤其是那些能够影响激素分泌的药物，比如口服避孕药或者激素类药物，也可引起脱发。

历史回溯

对脱发的关注，古代历史中早有记载。古代的中东文化认为脱发是羞耻的，是缺乏生殖力的象征。纵观人类历史，从古埃及生吞氧化铁、红铅、洋葱、雪花石膏、蜂蜜、各种动物体内脂肪的混合"药方"，到今天的各种草药、营养补充剂、乳液和激光治疗，从古至今，人类一直在为了寻求"治愈"而努力奋斗着。

各式各样的假发同样已经流行了数千年之久，它们不但是权力的象征，而且能够掩藏毛发稀疏的真相。

对佩戴假发的疯狂——从路易十三到美国总统

在 17 世纪，路易十三是整个法国公认的位高权重之人，不仅仅是因为他登上了帝王的宝座。他是最早使用假发来遮掩早秃的人。很快，王朝中的其他权贵也开始佩戴假发。他们将其视为一种时尚。这股时尚之风吹向了英格兰的贵族，并随后在美国殖民者的上流社会中流行开来。到了 18 世纪，许多富有的美国人通过佩戴假发来彰显其上层阶级的身份。

在美国，假发变得如此流行，以至于美国最开始的几任总统都会佩戴假发。然而，在美国独立战争和法国大革命期间，上层阶级对它逐渐丧失了兴趣，人们不再佩戴假发。到了 20 世纪，德怀特·艾森豪威尔（Dwight D. Eisenhower）即使在最新的电视节目上也会自豪地展示他光秃秃的脑袋。不过，他也是最后一个这么做的美国总统。从那以后，近半数的美国总统没有再显示出脱发的迹象。

为治愈脱发而不懈努力

科技给了那些"闪闪发亮的脑袋"新的希望。人们曾经认为毛发移植是不切实际的，然而其效果从昔日类似于"布偶脑袋"，已逐渐发展到如今与真实的毛发难以区别。第一例毛发移植发生于 20 世纪 30 年代的日本，微小的毛囊移植单位在当时并非用于脱发，而是被用于取代损坏的眉毛和睫毛。然而，二战的爆发使取得这一重大进展的日本医生至今仍未被国际所知。

在 20 世纪 50 年代晚期，一位美国皮肤病专家诺曼·欧伦泰（Norman Orentreich）将脱发患者作为其临床研究的重点。他的理论指出从枕部头皮处提取的毛发能够更好地生长，因此能够被移植到头顶脱发处，在那里扎根并永久生长。他创造了"供区优势"（donor dominance）一词，意思是供区的毛发在受区仍保持其原有特性。

现在，立体显微镜使医生拥有三维视觉，从而避免损伤待移植的毛囊。这种显微镜引领我们进入了"毛囊单位移植"的成功之路，每次可仅移植 1 ~ 4 个毛囊。这一进展非常重要，因为毛囊单位包含了皮脂腺和神经，它们对毛发能拥有自然的外观和手感至关重要。在一次移植术中可以移植数以千计的毛囊，这对患者的容貌外观和情绪均有改善。

毛发再生治疗成为一种国际现象

自从欧伦泰医生在 20 世纪 50 年代勇敢地进行了毛发移植后，整形界对此的态度就发生了微妙的变化。过去，对拥有新头发的渴望属于个人行为。然而现在则大不相同，医生的态度发生了变化，于是对脱发患者的治疗也更加积极。

根据国际毛发移植协会（International Society of Hair Restoration Surgery）的调查表明，在 2010 年全球有超过 90 万名患者接受了毛发移植。其中 1/3 通过手术治疗，2/3 则是通过其他技术完成[1]。如果算上非该协会成员统计的数据，这一数字还会增加。脱发的治疗是皮肤护理产业非常有前景的一个行业，男性型秃发在世界范围内都很常见。仅仅在美国，就有约 5000 万男性面临这一问题，并且目前有 3000 万女性也患有遗传性脱发[2]。

---

[1] International Society of Hair Restoration Surgery, "2011 Practice Census Results, " (2011): 4, www.ishrs.org/sites/default/files/user3/FinalPracticeCensusReport7_11_11. pdf.

[2] American Academy of Dermatology, "Hair Loss in Women," (2013), www.aad.org/media resources/stats-and-facts/conditions/hair-loss

药物治疗

除了手术之外，还有两种药物经 FDA 批准可以用来治疗脱发：落健（米诺地尔）和保法止（非那雄胺）。落健是一种外用的非处方药，使用时擦在头皮上，通过再次激活毛发生长周期而起作用。在使用后几个月内，脱发减缓，毛发再生。不过一些人使用后会自觉瘙痒。非那雄胺是一种口服的处方药，通过促进毛发生长改善男性型秃发患者的秃发症状。然而，其潜在的副作用包括性欲降低和勃起障碍，这在停止用药后仍会持续很长时间。

生长因子正走向脱发的治疗舞台

脱发最有前景的治疗方法与生长因子的发现及使用有关。生长因子的奇妙之处在于其作用方式的合乎逻辑与直截了当。生长因子作为机体的团队成员，在体内传递促进新细胞生成的信号。以毛发生长为例，实验团队将把信号传递给头皮的生长因子中的化学成分分离出来，然后机体参与工作，从而使患者毛发再生。

为了使生长因子产品对脱发的治疗有效，其中的生长因子必须是与人类毛发生长直接相关的特定生长因子，也必须来源于人类。植物和其他生物与人类的基因编码完全不同，这些化学物质不能跨种传播。以下列出的是任意一种有效产品中必须含有的与人类毛发生长相关的所有生长因子：

- 肝细胞和胰岛素生长因子（hepatocyte and insulin growth factors）
- 成纤维细胞生长因子（fibroblast growth factor，FGF）
- 巨噬细胞刺激蛋白（macrophage-stimulating protein，MSP）
- 角质形成细胞生长因子（keratinocyte growth factor，KGF）
- 内皮细胞生长因子（endothelial growth factor，EDGF）
- 血小板源性生长因子（platelet-derived growth factor，PDGF）
- 人甲状旁腺拮抗肽（human parathyroid antagonist peptide，HPAP）
- 表皮生长因子（利于头皮生长）（epidermal growth factor，EGF）

为了确保你的产品中含有所有生长因子，你可以与该产品的研发主管联系。他也许能够为你提供该产品的成分分析及其来源。

　　脱发的生长因子疗法包括直接将其用于脱发区域，假如其含有来源于人类的上述所有成分，生长因子将会刺激头皮为毛发生长产生新的细胞原料，这些化学物质发出信号，而机体完成工作。值得一提的是，生长因子不仅能用于头发，还能使眉毛和睫毛浓密。

第 4 篇
健康愿景

在本篇中，我们将介绍如何以一个积极的、实用的方式进行皮肤护理。你可以运用在前三篇中获得的知识为你的皮肤制订一个终生计划，并在专业人士的指导和协助下完成。

16
回归基础

制订你个人的皮肤护理计划

在第 12 章中,我们提到了三种对皮肤护理的典型态度:中立型、粗犷型和谨慎型。注意这里使用了"典型"一词。这三种态度代表了人们对皮肤及皮肤护理的正常反应。这里我们需要说明的是,对皮肤护理痴迷到一定程度后干扰了自己的快乐生活时所造成的危害。

难道想要皮肤免受阳光辐射的伤害,就意味着你永远不能在沙滩漫步和感受离我们最近的星球的温暖吗?因为担心接触氯,就不能跳入游泳池,也不能在水中优雅地伸展游动吗?因为担心法令纹或者鱼尾纹,就要避免你人生经历中的一部分,即大笑和喜极而泣吗?当然不是!这里关键是要避免任何狂热的或者极端漠视的行为。针对你的皮肤护理,你需要采取一种平和、简单和聪明的态度。这是皮肤护理的真正意义,你必须回归本质制订适合你的皮肤护理方案。

第一,我们做个简单的测试来了解你的皮肤类型。第二,我们将讨论检测结果的意义。第三，我们将讨论任何皮肤护理方案中最重要的部分。最后，我们针对可能出现的一些常见问题做一些答疑。

让我们来了解一些事实真相。当我们常年接触美容广告和化妆品营销后，这些听起来很震惊，但是真相常常就是令人震惊的：

- 皮肤护理不应该对你造成压力或者担忧。如果你正在度假，一天中你所做的皮肤护理就是将你的面部浸在清凉的水流中，你的皮肤会感觉很好。

- 护理你的皮肤就像管理你的经济资产一样。你想要的应该是长期的回报，而不是充满戏剧性的短期成功。要一点点地做，这比那些能产生明显喜剧性的短期效果，但同样会带来不可预料的远期副作用的行为更有意义。

- 你皮肤的变化往往代表了体内正在发生的事情。学习怎样护理外在的皮肤是调理这一平衡的一小部分。对于健康的皮肤而言，爱护你的内部器官同保护你的外在皮肤健康同等重要。

- 当你的皮肤出现问题时，你需要看皮肤科医生。美容杂志并不能治疗癌症。脱口秀中的调侃并不能阻止真菌或者细菌的感染。同样，时尚人士也不能对你免受环境损害提出什么好的建议。

了解你的皮肤类型：一项家庭测试

在你制订一项有效的皮肤护理计划前，你需要了解你的皮肤类型。三种基本的皮肤类型为中性（或普通型）皮肤、油性皮肤或干性皮肤。很多人的皮肤混合了上述一种以上的皮肤类型，称为混合性皮肤，意味着某些区域为油性，某些区域为干性。

如果你已经和你的皮肤科医生开始交流并建立了一段友好的关系，他可能已经对你皮肤出油量的自然水平进行了评估，并告知你的皮肤类型。但是，如果你不了解，你可以通过一项简单的家庭测试来找到答案。你需要下面的材料来完成这个家庭测试：

1. 一块质量可靠的肥皂或者清洁剂。这个产品应当能清除任何
   的皮肤表面污物，不造成皮肤残留或者让皮肤干燥。
2. 5 张纸巾。
3. 光线充足的房间和化妆镜。

第 1 步：清洁和放松

首先，彻底清洁你的面部，等待 1 小时，其间你可以做一些像回邮件或者阅读的事情让自己放松。待在家里，不要进行健身或者修理花园这样的活动，它们会刺激你的身体，通过毛孔排汗。在面部清洁后不要对皮肤做任何治疗。

第 2 步：油吸收测试

拿出化妆镜并开灯。避免用发热的灯，这会促使你的毛孔分泌汗液。舒服地躺下，确保你能仔细地完成每一步。将 1 张纸巾平压在你的下巴上，第 2 张置于一侧面颊，第 3 张放在另一侧面颊，第 4 张放在脂肪较多的部位和鼻梁上。接着，将最后一张纸巾平压在你的前额，用你的拇指和示指覆盖住整个区域。

第 3 步：决定你的皮肤类型

在灯光下一张一张地揭开纸巾。如果纸巾在灯光下没有泛油，可以比较确信你是普通皮肤。如果所有纸巾都因为残留油脂而潮湿，你可能是油性皮肤。如果你的面部皮肤或者纸巾上有鳞屑，那么你的皮肤可能是干性的。如果你的下巴、前额或者鼻子部位的纸巾泛油，而你的面颊部位是干燥的或者正常的，那么你可能是混合性皮肤。

有关皮肤类型的重要知识

这是一项非常简单的测试，以帮助你根据自己的皮肤类型和个体需求制订皮肤护理计划。有的产品使用一段时间后，可刺激皮肤

分泌大量油脂，有的则可导致皮肤干燥。如果你对正在使用的产品有任何怀疑，停止使用该产品几天，再进行上述测试。不要相信任何化妆品公司的建议。以下是你需要了解的有关你自己皮肤类型的重要知识：

中性皮肤或普通皮肤

祝贺你！这种类型的皮肤就是在戏剧、诗歌和歌曲中备受赞美的皮肤类型。当然，你不需要去看皮肤科医师以保证你的皮肤不会变干，也无须担心皮肤会从你的骨头上松垮下来。这同样意味着你不需要花大量的钱在皮肤护理产品上来保养肌肤或预防以后的损伤。

当你的皮肤为中性时，你的皮肤表面能分泌正常量的油脂。你可以一眼就能分辨出皮肤是否处于良好的状态。如果你的皮肤能够自行修复时，它就是强壮的，很明显这时基底层细胞能够积极更新。

需要重点记住的是，当正常皮肤出现一些问题时，你首先需要参考的是皮肤科医生的意见，而不是来自化妆品专柜导购的意见。使用温和的或不含有害化学成分的清洁剂或者肥皂。在第 7 章中，我们已经讨论了可能的毒性成分。如果你已经阅读，但仍感到困惑，记住，你需要尝试制订一项适合你自己的特定的终生皮肤护理方案。

同医生建立适当的联系能帮助获得许多建议，这是因为医生了解皮肤，并且见过多种化学物质是如何同皮肤反应的。当你了解了哪些产品值得信任后，后面的事情就简单多了。你可以使用可靠的产品彻底清洁面部，至少每两天一次。当你运动或者从事其他可能使皮肤出油或弄脏的活动时，你只需要再次清洁。

选择合适的肥皂

我们几乎从不会仔细考虑肥皂的问题，总觉得它是一种无害的家庭用品。也许是时候结束这种观点了。每个家庭成员都需要适合他们皮肤类型、年龄和激素分泌及健康状态的肥皂。

即使你多年来一直使用相同的肥皂，也需要关注一下它的具体成分。你永远不能相信广告。公司宣传其产品是"可靠的""纯天然的"或者"正宗的"，其实自称具有神奇功效的肥皂所含的成分与那些不做宣传的产品没什么两样。

你还能记起在第7章中列出的可能的有毒成分吗？看看你的肥皂中是否存在这些成分。你应该确信你的肥皂不含有你所担心的这些化学成分或物质。避免所有可能的有毒成分，对孕妇和哺乳期女性、正接受癌症治疗或其他药物治疗的人们以及儿童，使用起来都更安全。

查找一下肥皂中的所有香味和颜色是怎么来的。这美妙的香味究竟是来自于天然的薰衣草或者云杉，还是化学物质？天然的颜色一贯受到追捧，但是即使那些看起来很干净的白色肥皂也并不是天然的。传统的手工皂是每年夏天由绵羊身上剪下的羊毛提炼的羊毛脂或者橄榄油最终压制而成，它们都不是白色的，而是浅浅的黄棕色。

干性皮肤

干性皮肤的护理目标就是让皮肤看起来和摸起来像正常皮肤。我们希望让皮肤表面油脂平衡进而保持湿润。当你用香皂清洁面部后，应该选用高质量的含油脂的保湿剂。

你的皮肤科医生会了解哪种油脂对你这种皮肤比较好，这就是在你制订护理计划时联系适合的医生非常重要的原因之一。清洁皮肤是你每天都要做的事情，同时它可以对你的整个身体产生重大的影响。记住在你购买任何新的肥皂或润肤霜之前，看看成分列表中是否存在可能的有毒成分，避免选择含有有毒成分的产品；还要记住，如果你的皮肤对任何食物或植物过敏，也要避免接触。

主要的工作就是每天清洁你的皮肤且要避免使用刺激性强的肥皂。使用含有你的医生推荐的功效成分、能够给你的皮肤补水保湿的那些产品，而不是你在一些时尚杂志上所看到的产品。如果你的皮肤特别干燥，每天使用保湿剂，并且在睡觉前也使用。与那些正常的皮肤相比，你的皮肤对日光的保护能力相对要差，因此你还需要使用品质较高的防晒产品。还有，如果你不能识别那些可能有毒性的成分，去咨询你的医生，让他帮助你找到一款不含有害成分的防晒产品。

如果你的皮肤极度干燥，那你必须寻求专业帮助并遵循医生的建议。尽管干性皮肤听起来没有油性皮肤那么糟糕，但是与干性皮肤相关的一些问题可以导致疼痛、发红、皮疹或者其他一些更严重的症状。

油性皮肤

痤疮是最常见的皮肤疾病。这个疾病让人非常沮丧，必须得到积极的治疗。如果它很严重或者变得很复杂，你必须在医生指导下进行治疗，但仍可能会有皮损破溃和遗留瘢痕。

从小的皮疹发展为严重痤疮都是与油性皮肤有关。元凶就是痤疮丙酸杆菌，这是一种能长期存在于人体的细菌微生物。油脂不仅能保持皮肤湿润，同样也是细菌的食物。当毛囊中的细菌数量过多时即发生痤疮。皮肤的白细胞参与对抗过多的细菌，产生一种能破坏毛囊壁的酶。这使得损害进一步扩展到真皮层并造成结节。

所有的常规处理例如规律的清洗、不挤压皮损处都是可行且有效的，尤其是对于轻度的皮损，通过清除掉多余的油脂可减少痤疮的发生。选用你和你的医生认可的清洁剂，早、晚清除面部多余油脂。保持你的头发、身体的其他部位及衣服的清洁，避免使用油腻的乳液或者护肤液。

混合性皮肤

通常混合性皮肤是指在 T 区有些油腻，包括前额、鼻部和下巴，但是面颊部位是正常的。如果你因为在乎 T 区而过分清洁面颊，你的面颊可能会变得干燥，所以清洁剂应着重清洗油性的 T 区，尽量不要过多清洗面颊。如果你的面颊变得干燥，可以向皮肤科医生求助。他会推荐你在干燥区域使用温和的保湿剂。

如果你面部的油性区域出现痤疮，你应该看医生。因为那些正常的或者干燥的区域在痤疮治疗时可能会加重；另外，使用一些可靠的产品来帮助保护皮肤的这些区域也很重要。

任何皮肤护理计划的三大要素

当制订一项实实在在的皮肤护理计划时，可能有很多方面需要考虑，秘诀是要放松。克服任何因皮肤产生的焦虑、任何关于外貌的虚荣，并且不要同其他人的皮肤做比较。

你应该只关注如何护理你自己的皮肤，并且要注意关注并不是压力或者担忧。关注是指关心重视某事，并当需要时采取行动的一种行为。关于皮肤护理，这里有三项基本要素需要掌握，即清洁、保湿和防护。

1. 清洁

每日清洁你的皮肤是保持肌肤美丽娇嫩的要素。但是，这可能会变成一种狂热的追求，这是一种错误的行为。压力对机体非常有害，治疗方法就是放松。所以，在执行你的清洁方案时始终要找到自己的平衡点。

2. 保湿

保湿同样应该是生活中一项不间断的行为。拥有湿润和柔软的皮肤感觉很好，且一旦习惯养成，当皮肤干燥和紧绷时，人会感觉非常难受。当你的皮肤变得干燥、不舒服时，你需要改变习惯，了解并使用最合适的护肤液来快速缓解你的干燥肌肤。

3. 防护

保护你的皮肤是明确的，但是一些危险可能是不确定的。当你打算学习焊接时，很明显，你应该确保能够利用合适的手套、面具和挡板来保护自己。但是，充斥在周围空气中的微粒和毒素所带来的危害是无法确定的！你可以通过改变位置来保护自己远离环境中可见的有害物质，如货车和公共汽车的尾气。你同样需要仔细查看你的家里有无毒性物质。

这可能比听起来要简单些。注意寻找你家里可以被清除的有毒物质，如化学类的空气清新剂、能泄漏化学物质的旧器械或者释放化学气体的家具。将你在第 7 章中学到的"皮肤护理成分列表"的相关知识应用到你使用的产品上，如洗发水、洗衣液、卫生间和厨房清洁产品。

除了保护你的皮肤远离室内或室外的有毒物质外，你同样必须保护皮肤免受阳光的伤害。我们需要享受户外和阳光，但是保护我们自己免受阳光中的紫外线辐射非常重要。待在荫凉处、穿防晒衣、使用防晒霜、戴遮阳帽都能减少对有害紫外线辐射的暴露。当你选购防晒霜时，选择适合你的皮肤类型并得到你的皮肤科医生认可的产品。

常见问题解答

真菌感染

真菌是无处不在的，并且它们一直在寻找宿主。适合真菌无序生长的是温暖、阴暗以及潮湿的环境。在这方面，你应该最关心的是足部的皮肤。厚袜子和不透气的鞋能为真菌创造生存和生长的最佳条件，从而影响趾甲和皮肤。如果你的足部出汗较多，每天多更换袜子，选择容易透气的材质，例如棉或者羊毛，而不是合成材料。

你还需要一双以上能换的鞋子并且可以轮流穿。真菌可以在你身体潮湿的部位生长，例如胳膊下面。要想避免真菌性皮肤感染，需要穿透气的衣物，尤其在炎热的夏季。当在公共泳池游泳后，用干净的毛巾仔细擦干身体。应当淋浴（穿着防水凉鞋），随后擦干身体，因为真菌感染是可以传染的。如果你怀疑自己可能感染了真菌，应当立即去看皮肤科医生。

营养不良

当说到皮肤护理时，营养和保护自己远离紫外线辐射、呼吸新鲜空气、避免有毒物质以及使用高品质的皮肤护理产品同等重要。吃得不好将使机体缺乏营养，健康的皮肤得不到滋养便容易受到损害。

均衡的饮食结构包括大量新鲜的绿色蔬菜、易消化的蛋白质、低糖、大量的必需维生素和矿物质，它们可使身体在需要时有效地、源源不断地制造出新的细胞。如果你的皮肤看起来暗淡、苍白，提示你需要增加营养摄入。

在下一章中，将会详细介绍有关营养的重要方面。

对免疫系统的攻击

对免疫系统的攻击同样损害皮肤。长期锻炼、休息放松和健康的饮食可使免疫系统保持强健。你并不需要一直待在健身房，你只需要走出去，运动你的身体直到出汗。找到你喜欢的活动，你的皮肤会因你的健康而容光焕发。

生活方面的平衡

找到一种生活的健康平衡是皮肤护理最重要的方面之一。如果我们太墨守成规，我们将在情绪和举止上变得沉闷、呆滞。这可以通过皮肤的苍白反映出来，皮肤会看起来暗淡无光，人会显得气色不佳。而如果一个人过于离经叛道，长期饮酒和玩乐，皮肤会脱水发红直至皮肤下面的毛细血管扩张。

与没有任何娱乐活动、看起来毫无生气的人，和频繁聚会而面庞水肿、发红的人相比，健康的人拥有光彩照人的皮肤。在工作和娱乐之间找到一个平衡点能保证我们的身体健康，包括皮肤的健康。

17
营养和皮肤

　　良好的营养摄入能够为皮肤健康带来积极的影响。这个人体最大的器官由数百万个细胞组成，它从血管和神经纤维所组成的巨大的内部网络中汲取养分。同体内其他细胞一样，皮肤细胞从饮食和其他补给中获得物质和营养成分。由于皮肤是可渗透的器官，直接擦在皮肤表面的营养物质可被皮肤局部吸收。

　　除了为构建健康的皮肤细胞提供原料，我们消耗的营养物质同样用于支持一些其他的皮肤营养功能，例如水合作用，保护皮肤免受损伤和突变，并有助于外貌的长期改善以及皮肤的整体健康。

　　为了维持机体的微妙平衡，你必须考虑摄入营养的质量和数量。许多内在的健康问题反映在皮肤上。虽然所有人都不可避免地会走向衰老，但大多数皮肤问题是由于营养不良和受到有毒物质侵害所致。食材不佳、美妆产品所含成分品质低或者不适合你的肤质，以及其他外用产品，都有可能使皮肤状态变差。由于身体能持续更新皮肤细胞，可以通过简单的饮食调整和使用生长因子来快速解决这些问题。

　　在本章中，我将一一介绍可为你的皮肤提供最佳营养支持的最

重要的几个方面。记住，对你的皮肤有好处就能够对你的身体其他
部位有好处，包括心理健康。

优质蛋白质

体内的所有细胞都是由各种蛋白质构成。膳食中的蛋白质对于
所有机体组织包括皮肤的生长、维持及修复是必不可少的。蛋白质
由二十多种氨基酸组成。这些氨基酸称为必需氨基酸，因为它们不
是人自身合成的，而是必须从食物中获得的。肉类蛋白质，例如肉、
禽、鱼、鸡蛋和乳制品，包括所有的必需氨基酸，通常称为完全蛋
白质（complete proteins）。素食主义者需要联合摄入多种食物例如
全谷类和豆类来获得完全蛋白质，但并非一定要在同一餐中摄入。

水

通过皮肤的水合作用，可防止皮肤干燥，使皮肤更有弹性；水
能帮助消化，有助于肝和肾排出废物；人体通过出汗调节体温，这
些都有利于营造干净、健康的肌肤；水还能帮助溶解矿物质和其他
营养物质，使它们能用于滋养身体，包括皮肤。离开了水，我们就
无法生存。

纯净水优于咖啡饮料和酒，后两者均有脱水作用。纯净水也比
果汁好，因为果汁所含的糖分太高。推荐一天至少喝 8 杯水是一个
很好的经验法则，但是需记住，这里面包括了水果和蔬菜、肉汤和
菜汤以及草药茶等，并且还取决于你的体力活动水平。

omega-3

蛋白质提供了构建皮肤新细胞的组成成分，而摄入健康的脂肪
来维持机体平衡同样重要。我们身体和皮肤上的每一个细胞都被脂
肪或脂质构成的细胞膜所包裹，从而提供保护屏障来对抗疾病。此
外，脂肪对于激素生成和脂溶性维生素包括维生素 A、E、D 和 K

的吸收是必不可少的。

脂肪分为很多种。有些对我们有害，而有些对我们的健康是必需的。有害的脂肪包括生产制造的氢化油或者部分氢化油，其含有反式脂肪酸。在健康的脂肪中，对我们皮肤有益的是omega-3必需脂肪酸，被称做"必需"是因为机体本身不合成，必须从饮食中获取。omega-3的最佳来源是含脂肪的冷水鱼例如三文鱼、鲭鱼、金枪鱼，以及亚麻籽原料、核桃、散养禽类的肉和深绿色叶菜。

在皮肤中，omega-3最基本的功能之一就是帮助细胞锁住水分和营养、排除废物。没有omega-3，皮肤将开始凹陷和起皱。

用蜂蜜进行面部按摩和做面膜

蜂蜜作为美容圣品历史悠久。这种纯天然物质很容易获得，且很少需要再次加工。蜂蜜真是自然界中最好的保湿剂之一。它能锁住水分，并将其保留在皮肤细胞中，当同营养物质如燕麦片联合使用时，可很好地用于去角质。蜂蜜同样具有抗细菌、抗真菌、抗病毒以及抗炎症的特性。原生态的蜂蜜是最好的，因为巴氏消毒可破坏其中有益酶的活性。

当用蜂蜜进行面部按摩和做面膜时，首先应该清洁面部，并略微湿润，然后将一汤匙原生态蜂蜜涂在前额和颊部，对局部皮肤进行按摩，注意不要按摩眼周部位。按摩数分钟后，在皮肤上保留至少15分钟再清洗，30～45分钟最佳。

抗氧化剂

抗氧化剂对我们的皮肤极其重要，因为它能通过抑制氧化反应来中和自由基，后者可引起氧化损伤。自由基是存在于细胞中的分子，它们在外层轨道有不成对的电子，这使得它们具有不稳定性和高反应性。不成对的电子需要从其他分子中获得电子，导致其他分子变成自由基而启动级联反应，最终损害和摧毁细胞自身。这些反应将从多方面来改变细胞，如加速衰老、导致肿瘤和其他疾病。抗氧化剂可通过提供电子来稳定活动的分子，从而保护机体。

我们并不想清除所有的自由基，理解这一点非常重要。肝利用自由基使化学物质解毒，我们的白细胞则利用它们来杀死细菌和病毒。在机体正常的代谢过程中，同样会产生自由基。在现代环境中，损伤细胞的自由基的产生常常是由于有毒物质引起的，例如空气污染、辐射、烟草烟雾及除草剂。自由基产生过多，加上富含抗氧化物的食物摄入过少，可造成对细胞的过度损害，并且这些损害随着年龄增长逐渐增加。

某些营养物质可作为抗氧化剂，包括维生素 A、C、E 和矿物质硒，以及体内产生的一些酶或特定蛋白质。抗氧化剂可通过饮食摄入体内或者局部直接用于皮肤表面。其来源包括以下的维生素和矿物质：

维生素 A 可保护皮肤免受阳光的损害，修复受损细胞及促进新生组织生长。它有利于对抗细纹和皱纹，还有利于治疗痤疮和皮肤干燥。有活性的维生素 A 只存在于动物来源的食物中，包括奶油、鸡蛋、乳制品、肝和鱼类。体内能转化成维生素 A 的 β 胡萝素存在于色素丰富的水果和蔬菜中，如胡萝卜、番薯和深绿叶蔬菜。

维生素 C 对胶原的形成是必需的，可防止阳光导致的细胞内 DNA 损伤，逆转衰老的一些早期征象。维生素 C 丰富的食物有西兰花、番薯、番茄以及草莓。柑橘类水果如甜橙、柚子并不富含维生素 C，但它们的果皮，尤其是果皮内的白色果肉富含类黄酮物质，后者能提高维生素 C 的吸收量。

维生素 E 是一种强抗氧化剂，它能延缓衰老的过程，阻止衰老的过早发生。维生素 E 能阻止多不饱和脂肪的氧化，后者能与致癌物反应形成自由基。维生素 E 还能减轻日晒导致的症状和损伤。鳄梨、坚果（尤其是杏仁）、橄榄油、全谷类和豆类，以及深绿叶蔬菜均含丰富的维生素 E。

硒是一种矿物质，它最重要的生物学功能是抗氧化。它还可以帮助机体有效地利用维生素 E。硒可通过保护细胞膜免于自由基损伤，来保护皮肤和结缔组织。硒缺乏的症状之一是脱发。食物中的硒含量取决于土壤中的硒含量，在全谷类如糙米、杏仁、巴西果、菠萝以及内脏和肉中均含有硒。

皮肤护理产品中的抗氧化剂

抗氧化剂被用在局部治疗中可发挥抗炎和紧致作用，能帮助减轻皱纹和治疗瘢痕。

α-硫辛酸（alpha-lipoic acid，ALA）是一种具有抗氧化效应的脂肪酸，天然存在于机体的每个细胞中。ALA 常被加入皮肤护理产品中来缓解轻微的炎症反应。

辅酶 Q10（CoQ10）加入保湿剂和眼霜中，可营养皮肤、减轻皱纹，尤其是眼周的皱纹（鱼尾纹）。

维生素 C 和 E 常被添加到用于眼周和其他易长皱纹区域的产品中。维生素 C 通过增加胶原形成，使皮肤细胞更立体；而维生素 E 可帮助调节水分，使皮肤看起来更加年轻。

芦荟含抗氧化物质和其他能帮助伤口愈合和瘢痕组织裂解的成分。它还可以保护皮肤对抗紫外线损伤、滋润皮肤，以及具有抗炎和杀菌作用。

其他对皮肤有益的营养物质

除了抗氧化剂，皮肤还需要一些其他的营养物质来保持健康。

B 族维生素可帮助构建和修复细胞，它们在全谷类和肝、深绿叶蔬菜、肉类、家禽、鱼、蛋、坚果以及豆类中含量丰富。在大蒜、洋葱、蛋黄、芦笋、肉类、家禽、鱼及豆类中含有硫，能改善皮肤质地，帮助皮肤保持光滑和年轻。锌是一种矿物质，对保持皮肤弹性非常重要，即锌缺乏时皮肤松垂；锌还能帮助日晒伤后的皮肤修复。出现萎缩纹，尤其是红色的萎缩纹时，表明体内锌缺乏。乙醇（酒精）会减少机体的锌含量。锌在几乎所有的食物中都存在，尤其见于牡蛎、鱼、肉、肝、深色家禽肉、蛋黄、豆类如花生及全谷类中。

哪些食物能营养皮肤

为了促进皮肤健康，你的饮食应该尽可能是天然的。避免摄入加工的或者垃圾食品、咖啡、糖，以及含反式脂肪酸的食品如氢化或部分氢化的蔬菜油。研究发现，下面的食物最能改善皮肤，至少每天吃两次，每周都应摄入。

杏仁是维生素 E 含量最丰富的食物之一。它能对抗皮肤衰老，帮助保持皮肤湿润和柔软。杏仁浸泡过夜后再生吃或稍微烘焙后吃，更易于消化。它棕色的外皮会刺激胃部，因此最好去除。杏仁浸泡过后，外皮更容易去除。

鳄梨含健康的单不饱和脂肪、omega-3 脂肪酸、蛋白质、β-胡萝卜素、维生素 C 和 E 以及硒，这些都有利于皮肤健康。

蓝莓尤其是野生采摘的，在水果和蔬菜中所含的抗氧化物质可能最为丰富，如含有能在机体中转化成维生素 A 的 β-胡萝卜素和防止皮肤过早衰老的维生素 C。

胡萝卜富含抗氧化物 β-胡萝卜素和维生素 C。它们能帮助修复皮肤组织和对抗紫外线辐射。

柑橘含有一些维生素 C 和类黄酮物质，后者能促进维生素 C 的吸收。维生素 C 可促进胶原产生，有利于保持皮肤光滑和紧致。

奶酪含有硒，硒是一种能促进维生素 E 吸收的强大的抗氧化矿物质。硒可预防皮肤癌及减少头皮屑。

亚麻籽油是 omega-3 脂肪酸的最佳来源之一。这种美味的油能减轻炎症反应，有助于治疗痤疮、湿疹、银屑病、日晒伤以及酒渣鼻。

绿茶富含儿茶酚，后者是一种能防止胶原破坏的抗氧化物质。在这些儿茶酚中，有个多酚类抗氧化物称为表没食子儿茶素没食子酸酯（epigallocatechin gallate，EGCG），被认为能激活垂死的皮肤细胞。

一杯芒果汁即能提供全部的维生素 C 每日推荐总量（recommended daily amount，RDA），并且富含 β-胡萝卜素。这种美味的热带水果有助于减轻日晒导致的炎症反应。

蘑菇含丰富的抗氧化物质硒，具有抗炎特性，能帮助改善痤疮。

三文鱼是最受欢迎的脂肪冷水鱼，含有丰富的 omega-3 脂肪酸，能帮助强化皮肤细胞，防止光损伤，减轻炎症反应和干燥，保持皮肤光滑和容光焕发。

甘薯被公众利益科技中心（the Center for Science in the Public Interest）认为是最有营养价值的蔬菜之一[1]。甘薯富含维生素 C 和 β-胡萝卜素，可对抗导致皮肤过早衰老的自由基。

---

[1] Center for Science in the Public Interest, "10 Worst and Besd Foods, " Nutrition Action Health Letter (2009), www.cspinet.org.

健康皮肤的菜单

如果你准备为朋友烹饪一份特别的晚餐，这里有一份清单，对你的皮肤而言会是一场盛宴：

前餐：蘑菇、红洋葱、撒上一层橙汁（或其他果汁）和亚麻籽油的菠菜沙拉，每份食物上再撒上一汤匙的碎杏仁。

正餐：煎鲑鱼配上顶部放有鳄梨的烤马铃薯，旁边配有蒸胡萝卜和西兰花。

甜点：拌有蜂蜜的芒果和蓝莓水果沙拉，顶部再放上一点冰淇淋（只是为了好玩，当然对皮肤也有好处）。

保健品

天然食物组成的均衡饮食是营养物质的最好来源。但是，在当今这个快节奏的社会中，忙碌的日程使得人们很少有时间来准备每日的均衡膳食。你可能无法获取到维持皮肤健康的所有营养物质；你可能还有某些特定的皮肤问题，需要其他的帮助。这就是营养保健品的有用之处，特别是在专业健康护理方面。

当你购买保健品时，仔细阅读标签以确定你将获得你所需要的营养成分和剂量，并且选择你能负担的最好的质量和最少加工的产品。你可以享受在线选购保健品的乐趣，但也要小心营销骗局。

18
皮肤损伤的护理

损伤在日常生活中经常发生，我们的外部保护层皮肤是最容易受到损伤的。不论你是跌倒，撞在某个物体上，或是被蜜蜂蜇伤，你的皮肤总是会受到伤害。损伤可以非常严重，需要缝合，或者仅仅是一个轻微的擦痕。好在我们中的大部分人并不太在意它，这是件好事，因为持续的担心并不利于健康，会破坏我们的生活乐趣。

在人的一生中，我们随时会发生轻微的身体创伤、倒刺、擦伤和小的灼伤，我们也都能观察到皮肤的自我修复带来的神奇愈合。

简单的外伤一般局限于表层组织，机体通常会快速愈合，不会有并发症。但是，所有的皮肤损伤都应该重视，小心护理让伤口恢复。

三种常见的皮肤损伤类型有创伤、咬（蜇）伤和冻伤。当你或你的家人受伤时，皮肤科医生或其他医学专家在讨论病情、诊断及愈后时可能会涉及哪些方面呢？下面我们将一一介绍。

❧ 创伤 ❧

创伤是所有皮肤损伤中最典型的，分为开放性创伤和闭合性创伤。开放性创伤有擦伤、刺伤、撕裂伤或火器伤。闭合性创伤表现为挫伤、碰撞伤、肿胀或其他不破坏皮肤的损伤。当你带着创伤去见医学专业人员时，他首先需要评估创伤是机体内在还是外在事件造成的。

外在事件可能是跌伤或者蜂蜇伤。内在损伤可由于一些身体条件造成，如循环系统不良；或者一些疾病如糖尿病引起的神经疾病，由于周围神经受损导致四肢感觉丧失，导致外伤和感染。

化学伤可产生像内在损伤一样的皮肤创伤。接触腐蚀性化学物质可导致灼伤和皮肤起疱，并且一旦吸入化学物质，可导致肺损伤。

一旦医学专业人士评估了创伤的原因，他将根据伤口是开放还是闭合、清洁还是污染进行治疗。清洁伤口不含外源性物质，而污染伤口可有外源性物质，例如玻璃、灰尘和沙砾植入。此外，医生应注意创伤属于急性还是慢性。急性创伤的愈合过程明确、有序、可预见，不会出现并发症；而慢性创伤不能有序愈合，常合并感染，愈合需要数年或不能愈合。

咬（蜇）伤

室内和室外存在有多种生物，都能咬（蜇）伤我们。咬（蜇）伤是皮肤损伤的常见原因，可由动物或人造成，例如蜜蜂、黄蜂、蚊子、蜘蛛、虻和其他昆虫，小孩常用他们的小牙齿咬伤他人，马儿会从人手中抢糖吃，还有那些被人过分宠溺的小狗和抽风的小猫。

有些蜘蛛、蛇、蝎子和其他家畜在叮咬时可释放强毒素，幸运的是，它们并不常见或者像想象中的那样威胁生命。这并不表明我们应该忽略这些毒素，但也不能活在对它们的恐惧之中。这些动物叮咬导致的死亡更常是由于并发症所致而不是毒素直接注入引起。但是，如果你对某次叮咬有所担心，可立即到急诊科寻求专业治疗。即使蛇和蜘蛛叮咬时没有释放毒素，即干咬，也是危险的，因此所有的叮咬都应该认真对待。

Q：长期以来，在加拿大，孩子们在夏令营时常被告知，在蚊子叮咬的肿胀处用指甲划个"X"，然后涂抹牙膏来治疗该处的瘙痒。这种口口相传的办法真的有效吗？

A：是的！牙膏常用来缓解瘙痒。牙膏要在皮肤上干燥，并且不要洗掉。没有明确的化学机制可解释它究竟是如何起作用的，但有可能是因为牙膏隔绝了空气，从而减轻了瘙痒。

冻伤

当皮肤暴露在低温下太久时可发生冻伤。它常发生在我们无法得到帮助时，例如在野外滑雪时。当气温在冰点或以下时便可发生冻伤，这时机体会改变血流供应来温暖心脏、大脑以及其他维持生命的器官。这样就切断了四肢的血供如指尖和足趾。起初是皮肤变得麻木，形成白色、红色和黄色的斑疹；如果这种情况不再发展，冻伤能自己愈合。如果继续受冻，可出现水疱，感觉消失，最终冻伤加深并影响肌肉、肌腱、血管和神经，水疱变成黑色。如果你计划在寒冷的天气外出旅游，你应该学会如何处理冻伤。例如，冻伤的部位绝不能摩擦，因为这样可能造成更加严重的损害；而是应该用毛毯或者衣服包裹这个部位，或者转移到一个常温的地方让你的身体变热。

愈合的过程

不管你经历的是哪种类型的皮肤损伤，愈合过程永远令人惊叹。伤口愈合时会形成瘢痕组织，一般需要四期。

第一期是止血，我们的身体可形成血凝块来封闭受损的血管，从而阻止出血。第二期发生炎症反应，血管中释放血浆和中性粒细胞，包围伤口中的细菌和碎片，并将其清除，从而抵抗感染。举个例子，一个普通的伤口，其周围皮肤充满液体，可产生压力将外源性物质排出。第三期是组织增生和肉芽形成，新的皮肤细胞分泌胶原形成新的组织，而在更深的伤口，挛缩形成以便在伤口上形成保护层。第四期是重塑或者成熟阶段，新的真皮组织进行重塑以增加其强度，使我们的身体更加安全和健康。每一阶段在时间上有所差异，取决于伤口的严重程度和患者的整体健康状态。

皮肤科医生和其他专家会关注伤口的潜在原因，并密切观察这四期过程，这非常重要。因为如果一个慢性伤口受到干扰，比如伴有糖尿病时，会影响伤口愈合。

皮肤损伤时应该做什么

小的切割伤和擦伤

如果你有小的切割伤和擦伤，先用流水清洁，仔细冲掉所有的碎片，再用过氧化氢溶液做二次清洁。最后，在伤口上外用抗菌剂。小的切割伤暴露在空气中会很快愈合，但如果它持续出血就需要仔细加压保护，再进行绑带包扎。

一定要经常更换敷料，注意伤口愈合是否良好。肿胀和发红是感染的迹象。你应该在出现任何并发症之前，请专业医生检查。皮肤科医生也可以处理轻度或严重的创伤，以防止瘢痕形成或其他皮肤损伤。

如果伤口看起来很深、很大，有一些出血，应立即去看医生。如果伤口持续恶化，更应立即处理，以免日后伤病缠身，留下后顾之忧。即使伤口是清洁的，也需要应用专业医疗器械进行二次处理并使用专业敷料。

严重的伤口和损伤

当你遭遇创伤时，你会立刻认识到，你发生了比之前描述的小伤口严重得多的事情。这些损伤可由于汽车事故、高空坠落及自然灾害等造成，表现为严重的擦伤、切割伤、出血。有的创伤不损伤皮肤，仅造成皮肤挫伤和肿胀。电击也可能造成创伤。

遇到创伤时，不要掉以轻心，比如混凝土或者砂石上滑行造成的严重擦伤、身体某一部分受压、器械或家用设备刺伤了自己，或玻璃碎片、子弹等嵌入皮肤等。所有这些情况都非常严重，不只是因为失血，还因为这可能会对器官、肌肉及肌腱等造成损伤。这些创伤和伤口还可导致严重感染。

这些创伤可伴有多种症状，如皮肤失色、隆起、意识丧失、眩晕、呼吸困难以及干呕。你或者其他人必须立即拨打 911（译者注：911 是美国的报警电话，在中国可拨打 120 急救电话），尽快到急诊室或者医生那里接受治疗。用力压住伤口以阻止或者减慢血液丢失，并用毛毯或外套覆盖患者以尽可能保暖。

其他重要知识

我们已经在一定程度上了解了损伤，但我们需要知道损伤发生时会有什么事情发生。发生擦伤时，损伤深度局限在表皮内，我们在孩童时期骑自行车、玩滑板或者参加其他娱乐活动时都经历过。这些损伤可留下瘢痕并持续很长一段时间，这些孩童时代的大冒险给我们留下了愉快的回忆。

深的撕裂伤常需要缝合，并留下明显的瘢痕。救援机构能熟练使用最新的愈合技术，例如一种外科胶叫做 α–氰基丙烯酸辛酯，能修复伤口，防止这类瘢痕形成。

当你受伤后，应尽快求助你的皮肤科医生，这非常重要（译者注：在我国，比较严重的损伤应该看外科医生）。皮肤会在几周内开始修复，所以不要耽搁。儿童的皮肤修复更快，他们的皮肤强健；老年人的皮肤修复慢一些，他们的皮肤厚度是儿童的 50%。任何情况下，早期干预能预防后期问题的发生。

在澳大利亚，儿童很早就被教育要保护自己免受紫外线的伤害。大部分学校要求学生们戴宽檐帽来遮住头、面部及肩部。如果学生们没有适当的保护就上学，他们就必须在隐蔽处玩耍。教室里也会提供防晒霜。这些措施和持续的电视广告都在提醒和鼓励父母，要关注孩子的皮肤健康，做好防护。

现实的做法是要时刻做好准备

我们的皮肤无时无刻都会受到伤害，尤其是儿童。当然，我们对自己和他人都应该多加小心，但是人一生中，皮肤上不留下任何"记号"是不太现实的。学会如何立即、恰当地处理损伤才是现实的、合乎情理的，这样才有助于你的皮肤尽快开始它神奇的愈合过程。

19

选择一位皮肤科医师和专家

　　理想状态下，你需要一位皮肤科专家来帮助你设计一个终身的皮肤养护之道。我们大多数人会一年看两次牙医，对牙齿进行检查。当出现问题时，会向一个固定的牙科医师咨询。但是当涉及人体最大的器官——皮肤的防护问题时，通常没有一位固定的专家可以咨询。

　　我们的皮肤有惊奇的反馈能力。当皮肤需要修护时，它能释放令人惊讶的信号。痤疮、发红、肿胀、水疱、肿块、疼痛和瘙痒都是它在告诉我们，皮肤上正在发生某些问题。皮肤的警示系统犹如我们的热线电话，当皮肤出现问题的时候发出警告，甚至当症状消失了，我们可能还会觉得与往常有所不同。例如当我们洗澡时，手指会触摸到身体上某个地方，并觉得与往常不太一样。如果我们充分相信这种自我认知，就会知道应该去看皮肤科医师。在这里，后天经验取代了先天因素，因为知道要去看皮肤科医师并不是在我们发现问题之后，而是在发现问题之前！

　　理发师在顾客脖子上发现奇形怪状的痣后，这些痣最后常常被证实发生了癌变。同样，许多可疑的皮疹常通过化妆来掩饰并任其发展，而不是由专业人士进行诊断。在这些情况下，如果不能与皮肤科医师及时联系，则影响了疾病的及时治疗，使生命处于风险之中。

其他不利因素还包括缺少具有执业资格的皮肤科医师。在许多社区，皮肤科医师人数太少而不能满足需求；而在另一些地方，由于皮肤科医师太多，以至于诊所之间相互竞争初诊患者，而忽视了那些复诊的患者。保险公司常常有他们自己推荐或者喜欢的医师人选，有时还会向患者施加压力让他们选择。一些皮肤科医师仅擅长美容医学，而一些皮肤科医师仅处理严重的皮肤问题或疾病。

在理想情况下，你可以一辈子看同一位皮肤科医师。他熟悉你的病史和家族史，帮助你遵循护肤之道，并随时根据你的皮肤需要做出调整。遗憾的是，医师退休、患者或是诊所的搬迁、治疗兴趣的改变以及医患双方的个性冲突，都可能导致工作成效差，还有些从业者无法像其他人一样出色地完成工作。但是，上述的任何一个理由都不应该妨碍你向一个有资质、有能力的皮肤科医师寻求治疗。

你脑海中浪漫的想法是你是这个星球上最漂亮的人，而你梦想中的皮肤科医生就是能够帮助你实现最漂亮皮肤的那个人。

使用 TREATMENT 方法寻找一位皮肤科医师

你可能是第一次寻找皮肤科医师，你也可能正在犹豫是否需要一位新的皮肤科医师。为了帮助你解决这个问题，我罗列了以下一些小标题，你可以按照 TREATMENT 方法来寻找。

T（Trust）代表信任

信任是你需要寻找的首要品质，即使它依靠你的直觉。信任是指你和可能的医师人选之间有一个轻松随意的信任关系。

R（References）代表参考

每一次诊疗工作后，你应该得到一份最新的患者名单，你可以向那些做过类似诊疗的人咨询有关事宜，无论他们的结果是好是坏。

E（Experience）代表经历

最佳的经验年限是 10 年。这个时间长度足够一名医师树立起自身的声誉及建立一个可靠的团队。

A（Affiliation）代表从属关系

你的潜在医师人选应该隶属于当地的医院或者医学中心（译者注：国外很多私立诊所的医生同时也是大学或医院的教授，在我国需要看私立机构医师之前是否在公立三甲医院或大学工作过）。

T（Training）代表培训

所有的皮肤科医师在接受专门的皮肤科培训后会获得医学学位，此外，皮肤病学领域进展如此之快，因此必须要进行继续教育。

M（Membership in Medical Societies）代表医疗协会成员

确保获取一份你的医师人选所属的医疗协会或组织的名单，你可以关注他目前的学术地位。

E（Equality）代表平等

不要认为你应该对医师言听计从。如果你的直觉告诉自己，关于这个诊断或是治疗方案有不对的地方，你必须寻求第二个甚至可能是第三个方案。

N（Natural Ease）代表自然放松

皮肤科医师都爱谈论关于皮肤的事情，他们应该乐于同患者分享相关的知识和信息。

T（Track Record）代表以往的业绩

在未来可能治愈你的最佳医师人选是曾经治愈你的人。如果你同一位皮肤科医师曾有不愉快的治疗经历，可能是时候寻找另一位医师了。

当你应用 TREATMENT 方法来寻找一位皮肤科医师时，注意不要让自己成为一个爱挑衅、爱争论或假装无所不知的人，这一点非常重要。在接触了这么多无效的治疗方案或产品后，你会很容易怀疑皮肤护理的作用。然而，皮肤科医师是了解皮肤护理的专家，一旦你找到了合适的人选，你会得到最佳的结果。

简而言之，使用 TREATMENT 方法，明确其中的优先事项，使自己头脑清醒和并保持兴趣，努力取得最好的结果。要记住，你的目标是去见一位你相处起来觉得舒服，并且想要与之建立一个长期关系的人。

信任

与你的皮肤科医师面对面交流是实施完美皮肤护理的开始。在西方文化中，眼神的交流是彼此信任的信号。如果你在生活中仔细观察，你会注意到你和你的朋友、亲属、伙伴的人际关系中，相处舒适的都是那些你所信任的人。

你的潜在医师人选也应该在某些方面能获得你的信任。例如，如果你对激光磨削感兴趣，他就应该告诉你关于这项治疗的局限性，而不仅仅是它的优点。你应该在没有任何尴尬和臆测的情况下被如实地告知治疗的费用、如何付款，以及其他相关的费用。

在选择医学专家的时候，信任非常重要，这种情况在许多其他服务行业中并不存在，因为前者的情况与你的生命息息相关。如果你有罹患皮肤癌的高危因素，你需要一位自己信任的皮肤科医师来确保你不会因为使用某些产品或进行某项治疗而增加患癌风险。事实上，你是在判断不同皮肤科医师对于保持皮肤健康的相关建议的价值。你需要相信这位医师，并接受他给你的建议。

参考

寻找一位合适的皮肤科医师就好像是一个寻宝游戏。有些事需要调查清楚，例如一份最新的参考名单。所有临床治疗项目均可提供参考的患者名单，你可以自己去向那些有过类似治疗的患者寻求相关的信息。如果只能勉强提供一份患者资料，大致可以明确一个信息，即这项治疗可能效果不佳。大部分医师会用照片或者影像资料来记录他们曾做过的治疗。查看这些资料是了解一位医师技术水平高低的最好方法。

你也可以通过和坐在候诊室的患者交流来了解这项治疗的有效性及可靠性，以及医师、员工和外部服务等相关信息。

不要低估你信任的朋友和相识的人推荐介绍的重要性。这通常是寻找新的医师和专家最好的方法之一。朋友及熟人在一位医师那儿有一次非常棒的诊疗经历，这通常是你最好的信息来源之一。此外，互联网提供了现成的入口来获取大量的信息，包括从国家医学联合委员会（the Federation of State Medical Boards）和其他国家监管部门获取信息。有许多网站也能提供推荐医师名单。但是当你访问这些网站时，你要知道它们很可能是商业运营性质的，例如"content-mill"公司只是从有疑问的信息源中收集批评和赞扬的信息。当然，你在网上了解清楚医师后还是需要亲自当面去证实。

经历

选择一位执业时间至少为10年的医师，因为具有这种资历的医师一般会拥有更多的医疗资源，例如当你需要寻找像肿瘤学专家、细菌学专家、遗传学专家时，你的皮肤科医师会给你推荐一个可靠的医师。资历年限越长的医师更见多识广，治疗过类似情况患者的可能性也越大。

从属关系

你的医师最好是能在你当地的医院或者医学中心任职，这意味着他们能在医院接诊，并且和专科医师及其他医院团队成员都有关系网；在他们有需要时，可以联系手术室、磁共振成像检查室、专科设备及紧急服务；当有紧急情况发生时，皮肤科医生在保护社区居民健康方面也扮演着重要的角色。对皮肤科医师来说，这也确保了当发生火灾或其他紧急的皮肤损伤时，能联系到相关人员将患者送至烧伤科或者创伤中心。

培训

你的皮肤科医师最好能是医学博士，换句话说，就是在医学院校获得最高文凭。他或她必须是在技术上受过良好的训练，并且在这个非常复杂的医学分支中能够及时更新所学的知识，包括皮肤与身体其他部位关系的相关知识。这些必要条件使专业人员能诊断并对皮肤疾病进行持续、长期的治疗。

需要牢记的是，接受最新治疗的继续教育是对任何一位医师的要求。你将选择的医师如果是一个紧跟专业发展前沿的人，那你在皮肤护理上会得到更大的帮助。

成员

有些医师仅仅将他们在学术团体中的身份作为自身推广的手段，而不是充分利用该学术组织所提供的教育平台。许多医疗组织的网站会列举一些该领域最新的和即将举办的活动。与你的潜在医师人选讨论一下这些活动，看看他们是否参加，或者是否至少阅读了相关的后续跟踪报道。这会为你传达一种感觉，即这位医师对不断获取知识这件事的重视程度。你将会很容易地分辨出他是否对皮肤医学和皮肤护理有着本能的热情。

平等

过去，医师被授予崇高的地位，他们的话不容置疑。其实这对患者个人和医师双方都不利。不要为了无关紧要的事情心烦意乱，但如果有重要的问题，应立即询问。永远不要因为向医师提问而觉得羞耻和尴尬，医师也不应对患者的询问表示不情愿。

自然放松

想着把第一次会面当成是了解彼此的一次闲聊，你就会轻松很多，并且与你的医师之间能够互相倾听。在谈话过程中，你可以亲眼目睹医师的反应。积极参与谈话并了解医师的教育背景和从业经历，从中可觉察医师是否自信和诚信。要记住，挂在墙上的资格证书并不是找到一位优秀医师的真正方向，愿意去倾听并回应你的医师才是优秀的医师。

一定要看看医师的办公室是什么样子，还有那些工作人员是不胜烦扰的，还是愉快的、有效率的？等待的时间大概需要多久？所用的设备是否是最新的并且保养良好？

另外，你必须确保这个治疗对你而言能轻松应对。看看你的主治医师或者其他工作人员是否会说方言？医师的年龄是否让你觉得舒适？从家到诊所的距离也是你要考虑的因素。不用因为你的顾虑而觉得不好意思，即使只是停车位这样的简单问题。关键是要排除掉任何可能使你对预约感到勉强的因素。要对你的选择能轻松自在，而不是在皮肤护理过程中感到担忧和紧张。

业绩记录

一生中可能在某个时候，你一贯使用的皮肤护理方法需要改变，那可能意味着你需要去看另一位皮肤科医师了。你可能需要一位针对具体情况的专家或者仅仅是换一位在另一个领域有专长或见解的医师。给你看病的人变了，药物变了，经过若干年可能所有都会发生改变。如果你在看病的任何时候对医师的诊断抱有怀疑，要相信你自己。

患者的直觉总是正确的

最近我得知了一件事，正好说明了 TREATMENT 方法在发现任何一种健康服务提供者方面的有效性。在这个例子中，我们很容易看到覆盖了从信任到业绩记录的多个方面的因素。

我的一位好友曾经因为一个大肿块去看医生。他曾在一位朋友家里的露天平台上赤脚行走，恰巧木匠将一小块木头丢弃在院子里，上面有一个 16 美分大小的钉子，而他不小心踩了上去。

他是一个常年在野外过着粗糙生活的人，或者说是坚强的人，他只是将钉子从脚上拔了出来。伤口稍微有些出血，他简单地在伤口上涂了碘酒后，就将这件事抛到了脑后。这次受伤看起来无关紧要，他也预计伤口能自愈。然而，他的足弓处开始长出一个疙瘩，然后越长越大，最后变成了高尔夫球大小，使得穿鞋也变得异常困难。

一开始他去看了一位全科医师，这位医师认为这个肿物是皮肤疣。由于我的朋友过去曾患过皮肤疣，他认为该医师的诊断并不准确，因此他向另一位医师寻求意见。这位医师也诊断为皮肤疣，他向医师询问去除这个肿物的过程，这位医师解释是和其他皮肤疣疾病一样将通过烧灼的方式去除。我的朋友认为皮肤疣的这个诊断是荒谬的，遂直接离开了医师办公室。

由于两次专业就诊都不太满意，他决定去看足科医师。这位专家很有经验，立即告诉我的朋友这个肿块是一个皮样囊肿。他迅速肯定地做出了诊断，然而另外两位医师在诊断之前则有些许犹豫。另外，在专业知识的讲解中，这位足科医师立刻推断出这个皮损是因为钉子扎进皮肤导致的，并解释了一小块钝铁片如何使得表皮组织陷进真皮中，随着表皮异位在真皮组织，机体产生生长因子启动创伤处新皮肤的生长。当组织长到一定大小，使得囊肿高出表皮，这样肿块就变得越来越大。

这位足科医师毫不犹豫地概述了治疗方案。他说将做个手术，进入囊肿内部，并尝试去除整个增生的表皮组织。同时他也向我的朋友说明，尽管他经验丰富，但也不能保证通过一次手术就能完全去掉整个囊肿。

这位足科医师的保证瞬间点燃了我的朋友对他的信任。事实上，他对存在失败可能的诚实也意味着他是足够熟练的，而非过度自信。

值得花费时间和精力

从长远来说，找到一个让你觉得舒服的皮肤科医师是一件需要花费心思的事情。可能某一天你改变想法了，就会去找另一位医师，但是找到一个对的人是值得花费时间和精力的。要记得，在一生当中你会获得许多服务项目，与提供服务的人关系越亲密，提供者的服务会越有效率，无论这项服务是修鞋或是脑部手术。

你肯定很清楚地知道，和你的皮肤科医师约谈并不像走进一个化妆品柜台，和售货员交谈该买哪一种产品以及怎样使用最新的仪器。要想保持皮肤健康、防晒、依靠皮肤自身的滋润来持续保湿，以及保持皮肤健康、有活力和迷人，这些都意味着找到一个合适的皮肤科医师是非常重要的。

20
科学的皮肤护理

你可以掌控你的皮肤护理。你可以决定使用哪些产品来保持皮肤清洁、保湿，以及保护皮肤。你可以决定哪些纹路、雀斑或斑疹该存在于皮肤上，来叙述你的人生故事及性格；按照你选择的方法，哪些又该被去除。

对于这本书，我希望做到的是能为你介绍一些方法，使你能找到可以信任的皮肤医学支持和真正对你的皮肤有益的产品及治疗。我也希望你可以学会怎样去避免危险的化学药品，以及当披着科学外衣的推销员兜售万金油时能省下这笔钱。

以下是我希望你记住的一些重要结论，并能将这些经验运用到现实生活中来护理你的皮肤。

❧ 皮肤的天性 ❧

尽管你的基因会影响皮肤细胞，但是避免会破坏细胞 DNA 及刺激基因突变的坏习惯可以决定后天的皮肤性质。谨防那些告诉你皮肤性质是由父母亲和祖父母决定的人。每个人的习惯不同，如果养成了坏习惯，那么皮肤性质也会相应改变。尽可能避免吸烟和暴露于有害的化学物质中，保护自己免受太阳的有害射线照射。

最重要的是，学会爱护你现在的皮肤。不要尝试通过美白产品或者日光浴来改变你的皮肤颜色。皮肤的颜色是与生俱来的，是一种对所生活的世界的适应，是人类史上一个独特的表现。所有的肤色都是美丽的，应该被尊重。对于他人的偏见，你无法改变，但是可以加强自信和自我认同。

皮肤的营养

记得要吃得恰当；饮用足够干净的新鲜水；参与各种能带来快乐的活动以提升自身的免疫力。所有这些事都将反映到你的皮肤上，有利于皮肤护理。

通过自己用手清洗皮肤表面来发现有无肿块、隆起或者不平整的地方。在刺痛、皮疹或者突然出现的皮肤症状演变成更大的问题之前，及时处理。对于任何一种皮肤损害都不能掉以轻心或者忍痛不说，这样只会导致炎症扎根以及可逆的损害变成永久性的瘢痕。

相信自己的直觉。如果你觉得诊断或是治疗方案有不对的地方，可能其中就有错误。可以面诊第二位或第三位医生，直到你确定你的皮肤问题能被解决。

选择成分表中那些潜在的毒性化学物质已经被调查清楚的产品。如果没有足够安全的产品，记得家里的厨房绝对是安全供给品最好的地方。你可能无法信任苯甲酸酯类和亚硫酸盐类，但可以信任浆果、香蕉和蜂蜜。

皮肤的科学

深入了解一下新的科学发现，而非仅仅了解字面意思。要记住干细胞和生长因子无法在物种间通用。植物生长因子不能传递信号至人类细胞来加速其痊愈的脚步，只有人类生长因子才可以。如果生产公司不能或是不告诉你产品的原料成分，那他们可能隐藏了某些东西。

当有人向你展示一件产品并承诺使用后会有奇迹发生时，要记得保持清醒。销售人员会攻击你的自信，他们使用这种方法是因为没有真正的专业知识。要知道人体皮肤本身的功能已经非常不可思议了。产品和治疗是要解决、控制或避免问题产生，而不是承诺一些产品所无法实现的奇迹。要记住的是，对产品和治疗进行测试是确保不会对皮肤造成伤害，而不是确保达到了它们所声明的效果。在你的皮肤和化妆品推销商之间，唯一的防线就是你的智慧。

寻找和计划使用皮肤护理来解决一个简单的皮肤问题时尽量使用最成熟的方法。不要仅仅因为是新的设备，就让自己选择一个新的治疗方法。要根据研究和报道的客观结果制订解决皮肤问题的目标和计划，而不是根据市场营销。

目前你所能获得的皮肤护理信息方面，基因学、干细胞、生长因子的研究是那些令人赞叹的发现的源头。它们并不难理解，不要被市场营销手段所迷惑。要知道，它们并没有那么重要。

最重要的是，采用TREATMENT方法找到一位你信任的皮肤科医师，或者换掉现在你不喜欢的医师。无论何时，你的皮肤护理问题都是头等大事。在现实生活中，皮肤科专家是可以为你制订有效的皮肤护理方法的最佳人选。